化学驱油田采出水处理技术及矿场实践

杨风斌 著

中国石化出版社
·北京·

图书在版编目(CIP)数据

化学驱油田采出水处理技术及矿场实践/杨风斌著.—北京：中国石化出版社，2024.4
ISBN 978-7-5114-7490-2

Ⅰ.①化… Ⅱ.①杨… Ⅲ.①化学驱油-石油开采-水处理 Ⅳ.①TE35

中国国家版本馆CIP数据核字(2024)第076110号

中国石化出版社出版发行
地址:北京市东城区安定门外大街58号
邮编:100011 电话:(010)57512500
发行部电话:(010)57512575
http://www.sinopec-press.com
E-mail:press@sinopec.com
北京鑫益晖印刷有限公司印刷
全国各地新华书店经销
*
710毫米×1000毫米16开本9.5印张175千字
2024年4月第1版 2024年4月第1次印刷
定价:68.00元

前　言

随着全球能源需求的不断增长，传统石油开采方法已经无法满足日益扩大的需求。化学驱油技术作为一种提高原油采收率的有效手段，被广泛应用于油田开发中。随着油田的开发，越来越多的油井进入高含水期，采出水量大幅增长。同时，随着开发技术发展的深入，各种化学剂驱油等在油田进一步试验推广后，采出水的处理难度增大，处理成本上升。在目前严峻的环保形势下，含油污水的处理已成为国内各油田的技术攻关难点。而不同类型的油田采出水中含有的杂质是不相同的，因此，在进行油田采出水处理时要根据采出水的杂质情况来选择合理的处理措施。

化学驱油田采出水处理技术的发展不仅关系到油田的经济效益，更关系到生态环境保护和社会的可持续发展。研究和发展高效的化学驱油田采出水处理技术，对于保护环境、节约水资源、实现油田可持续发展具有重要意义。持续关注和研究这一领域的新技术、新方法，对于推动油田绿色开采、实现能源与环境的和谐发展具有深远的意义。

本书旨在介绍化学驱油田采出水处理技术的现状和发展趋势，通过分析不同技术的工作原理、应用效果以及存在的问题，探讨如何结合矿场实际情况，选择最合适的水处理方案。书中详细介绍了孤东、孤岛油田采用的“多级重力沉降＋化学药剂”工艺，提高了采出水的处理效果，为该油田的采出水资源化利用提供技术支撑，并为同类油藏类型的开发提供示范作用和借鉴价值，助力油田的环保工作。

全书共分六章。第一章化学驱油田采出液特征与稳定机理，第二章气浮水处理技术，第三章过滤水处理技术，第四章化学驱油田采出水化学处理技术，第五章聚合物混配与采出水处理技术，第六章人工湿地处理技术。

由于笔者水平有限，书中不当之处，恳请读者批评指正。

作　者

2024 年 3 月

目　　录

第一章　化学驱油田采出液特征与稳定机理

原油乳状液是十分复杂的分散体系，众多因素影响原油乳状液的稳定性，如原油组成、密度、黏度、含水量、分散相粒径、电性、界面膜强度、界面黏度及乳状液的老化等。原油和水之所以能形成稳定的乳状液，主要是由于原油中含胶质、沥青质、高熔点石蜡、石油酸皂及微量的黏土固体颗粒等天然乳化剂，这些天然乳化剂吸附在油水界面上，形成了具有一定强度的黏弹性膜，阻止液滴聚结。聚合物驱是目前应用最成功的提高采收率技术，由于聚合物驱采出液油水密度差小、乳化类型更复杂，乳化程度越来越严重，增加了油水分离的难度，导致原油脱水与采出水除油困难，影响了油田的正常生产，采出液处理技术已成为聚合物驱发展与推广的瓶颈。

一、采出水的组成

采出水组分较复杂。采出水不仅被原油所污染，而且在高温、高压的油层中溶解了地层中的各种盐类和气体；在采油过程中，从油层里携带许多悬浮固体；在采油、油气集输、原油脱水过程中，投加了各类化学药剂(如聚合物)；采出水中还含有大量有机物，有适宜微生物生长繁殖的环境。因此，采出水是含多种杂质的工业废水。

采出水处理的重点之一是去除采出水的原油，提高原油的采收率。原油以大小不同的油珠分散在采出水中。从显微镜下观察，绝大部分是以微小的油珠分散在采出水中，形成乳状液，根据分散在水中的粒径大小不同，可分为四种状态。

(1)浮油：这种油在水中分散颗粒较大，油粒径一般大于100μm，静置后能较快上浮，以连续相的油膜漂浮在水面。

(2)分散油：油在水中的分散粒径为10～100μm，以微小油珠悬浮于水中，不稳定，静置一定时间后往往形成浮油。

(3)乳化油：油珠粒径小于10μm，一般为0.1～2μm。往往因水中含有表面活性剂使油珠形成稳定的乳化液。乳化油的稳定性取决于污水的性质及油滴在水中的分散度，分散度愈大愈稳定。

(4)溶解油：油以分子状态或化学方式分散于水体中，形成稳定的均相体系，粒径一般小于几纳米。

(5)固体附着油：吸附于污水中固体颗粒表面的油。

混入采出水中的油类多数以几种状态并存，极少以单一的状态存在。一般需采用多级处理方法，经分别处理后才能达到回注或排放标准。

二、含聚乳状液的基本概念

胜利油田化学驱采出液多呈复杂的乳状液状态。乳状液中含有一定数量的聚合物，对乳状液性质造成较大影响。乳状液是一种液体在另一种与其不相溶液体中分散的多相分散体系。被分散成液珠的一相称为分散相，亦称不连续相、内相，另一液相被称为分散介质，或称连续相，或外相。在两个液相中往往有一个极性较强，常常是水或水溶液，故称水相。另一相非极性较强，常称油相。若分散相为油相，分散介质为水相，此乳状液称为水包油型乳状液，或油/水型(O/W型)乳状液。反之，若分散相为水相，分散介质为油相，此乳状液称为油包水型乳状液，或水/油型(W/O 型)乳状液。当改变条件引起乳状液的类型从油/水型转变为水/油型，或反之，称为乳状液的变型。在某些特殊条件下，可能有稳定的多重乳状液存在。常见的多重乳状液有水/油/水型(W/O/W 型)、油/水/油型(O/W/O 型)两种。乳状液的基本特征在于其分散度及稳定性。大多数乳状液中分散相液珠直径在100nm 以上，故在分散体系分类中属于粗分散体系，不属于胶体范畴。

(一)聚合物浓度对乳状液稳定性的影响

图1－1 展示了不同浓度高温高盐聚合物(HMPAM)对5%稀释原油与蒸馏水形成的乳状液稳定性的影响。从图1－1 中可以看出，随聚合物浓度增加，析出油相体积减小，水相含油量增大，说明梳形聚合物能够有效稳定油水乳状液。

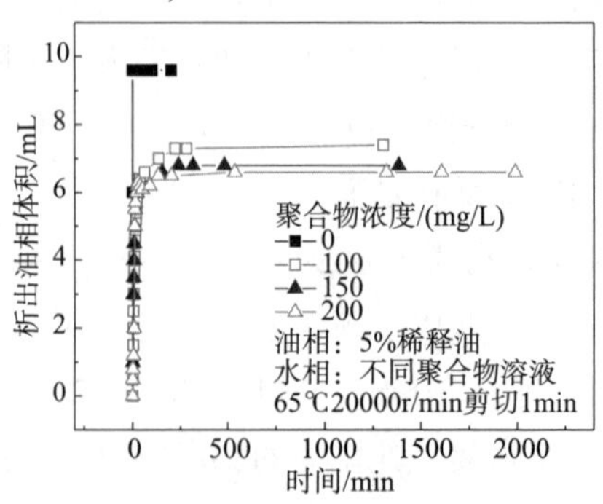

图1－1　不同浓度 HMPAM 对5%稀释原油与蒸馏水形成的乳状液稳定性的影响

(二)状态参数对聚合物乳状液稳定性的影响

取不同体积比的稀释油和含聚合物模拟水置于50mL干燥的烧杯中，在65℃条件下恒温5min，用IKA T18 basic型剪切仪以不同剪切速率剪切不同时间，使油相与水相分散混合，迅速将形成的乳状液移到25mL具塞试管中，若油水迅速分离，则将试管上下振荡200次，然后开始计时，记录各时刻各相的体积(破乳过程均在室温下进行)。

实验中考察了油水比，搅拌速度、搅拌时间等因素对乳状液形成的影响，所得结果如图1－2～图1－4所示。

1. 油水比对乳状液稳定性的影响

图1－2展示了不同油水体积比对5%稀释原油与胜利油田模拟地层水形成乳状液稳定性的影响。从图1－2(a)中可以看出，油水比为1∶4及1∶2的乳状液出水率相差不多，而实验时间范围内1∶1的乳状液几乎没有水析出。从图1－2(b)中可以看出，油水比为1∶1的乳状液出油率最低，因此在油水比为1∶1的情况下，形成的乳状液最为稳定。

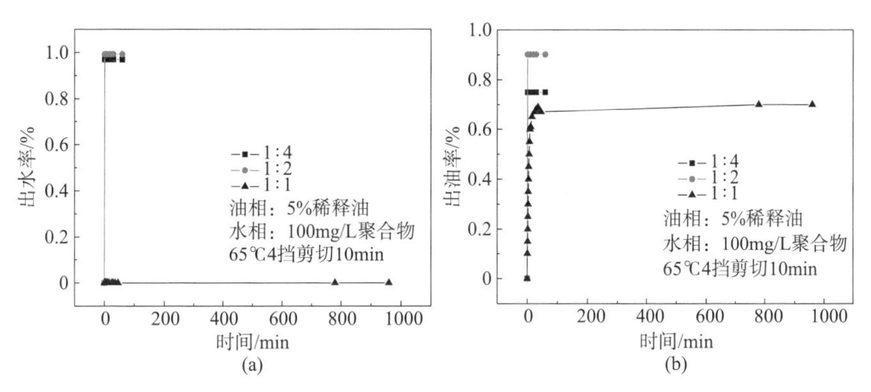

图1－2　不同油水体积比对乳状液稳定性的影响

2. 搅拌速度对乳状液稳定性的影响

图1－3展示了10mL水相、10mL油相条件下，不同搅拌速度对5%稀释原油与胜利油田模拟地层水形成的乳状液稳定性的影响。从图1－3中可以看出，低转速的乳状液稳定相差不大，当转速达到15500r/min时，乳状液稳定性明显增加，继续升高转速，乳状液的稳定性有所降低，搅拌转速过高并不利于形成稳定的乳状液，可能与强烈搅拌影响原油胶体体系的结构有关。

3. 搅拌时间对乳状液稳定性的影响

图1－4展示了10mL水相、10mL油相条件下，不同搅拌时间对5%稀释原

油与胜利油田模拟地层水形成的乳状液稳定性的影响。从图 1－4 中可以看出，随着搅拌时间的增加，形成乳状液稳定性先降低，15min 已可达到充分的搅拌效果，继续加快搅拌速度，乳状液的稳定性基本不变。

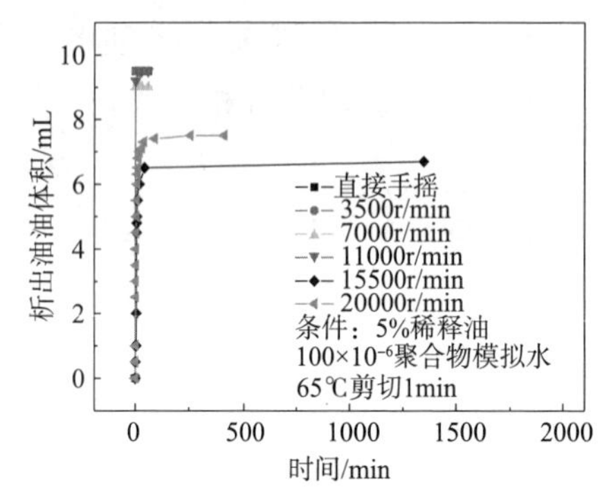

图 1－3　不同搅拌速度对乳状液稳定性的影响

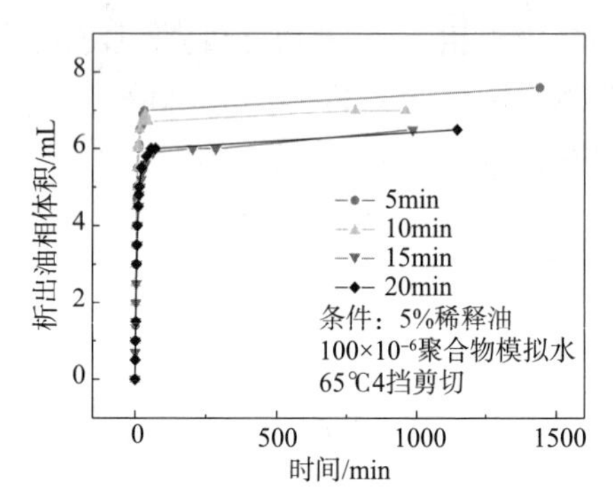

图 1－4　不同搅拌时间对乳状液稳定性的影响

(三)原油活性组分对聚合物乳状液稳定性的影响

1. 实验方法

用油水体积比为 1∶4 制备乳状液，将 12mL 的水相加入 50mL 干燥的烧杯中，再用移液管将 3mL 油相移入烧杯中，用 IKA T18 basic 型剪切仪在 20000 r/min下剪切 15min，使油相与水相分散混合，迅速将形成的 15mL 乳状液移到 25mL 具塞试管中，开始计时，记录各时刻各相的体积。65℃条件下形成乳状液，破乳过程均在室温下进行。

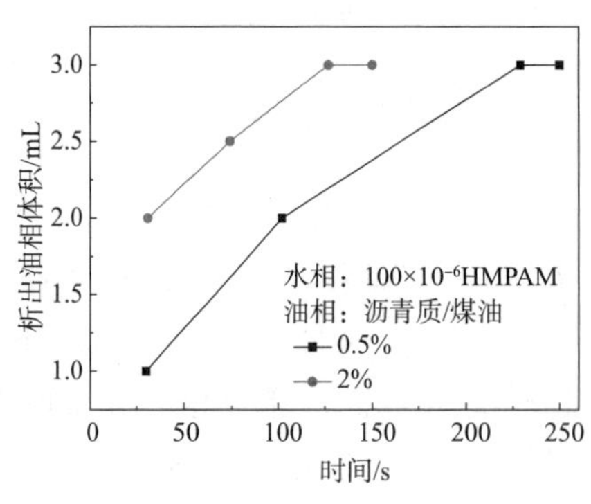

图 1－5　沥青质对聚合物乳状液稳定性影响

2. 实验结果

考察了不同浓度的原油活性组分对高温高盐梳形聚合物驱模拟乳状液稳定性的影响。沥青质对聚合物乳状液稳定性的影响如图 1－5 所示，胶质对聚合物乳状液稳定性的影响如图 1－6 所示，饱和分对聚合物乳状液稳定性的影响如图 1－7 所示，芳香分对聚合物乳状液稳定性的影响如图 1－8 所示，酸性组分对聚合物乳状液稳定性的影响如图 1－9 所示。

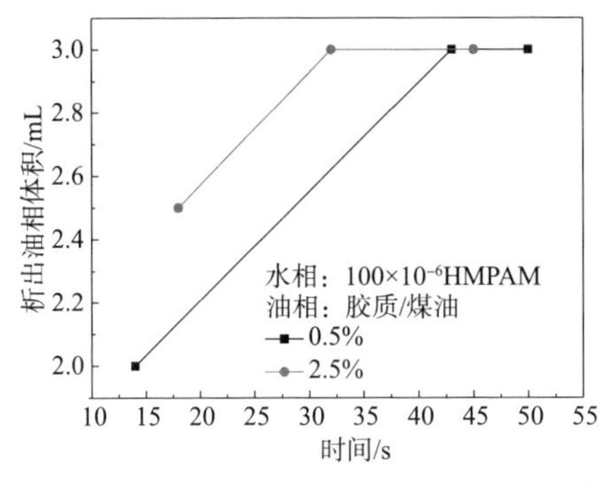

图 1-6　胶质对聚合物乳状液稳定性影响

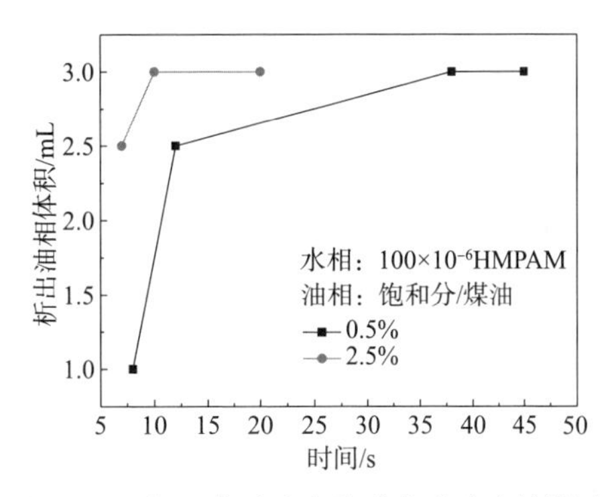

图 1-7　饱和分对聚合物乳状液稳定性影响

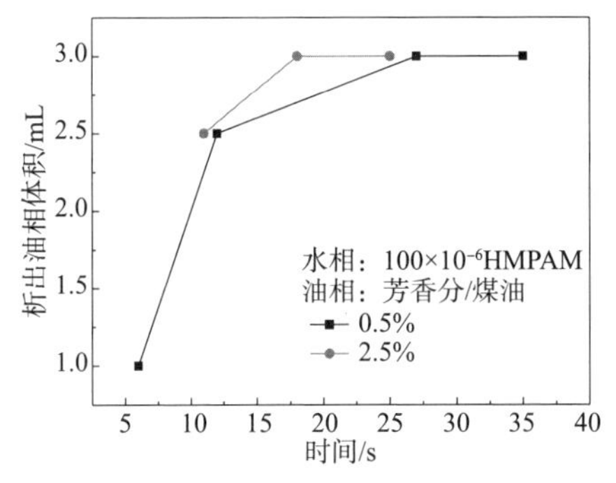

图 1-8　芳香分对聚合物乳状液稳定性影响

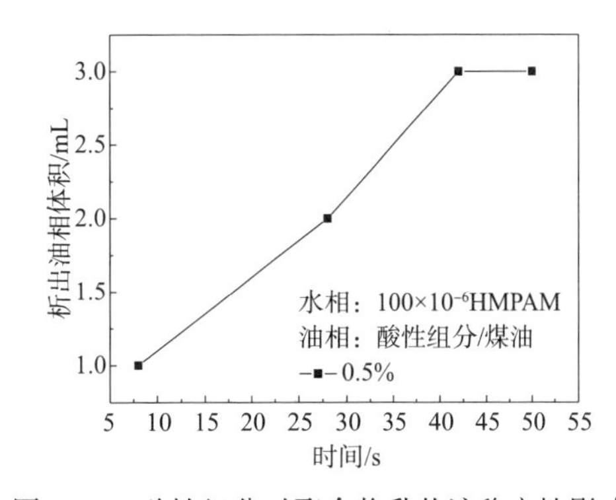

图 1-9　酸性组分对聚合物乳状液稳定性影响

从图 1-5～图 1-9 可以看出，实验条件下，原油活性组分与模拟聚合物驱体系形成的乳状液极不稳定，除沥青质相对略稳定外，在不加入破乳剂的情况下约 1min 均可以实现油水完全分离。

实验室模拟原油采出乳状液是十分艰巨的课题，往往生产实践中较为稳定的原油采出乳状液，在实验室条件下难以再现。我们将完全相分离的乳状液手摇 1min 后，重新观察完全相分离时间，数据如表 1-1 所示。

表 1-1　模拟高温高盐聚合物驱乳状液油水相完全分离时间

分类	样品	油水相完全分离时间/s
煤油	100×10^{-6}HMPAM	20
0.5%芳香分/煤油		42
2.5%芳香分/煤油		47
0.5%饱和分/煤油		57
2.5%饱和分/煤油		46

续表

分类	样品	油水相完全分离时间/s
0.5% 胶质/煤油	100×10^{-6}HMPAM	48
2.5% 胶质/煤油		74
0.5% 沥青质/煤油		110
0.5% 酸性组分/煤油		61

从表1－1中可以看出，相对而言，水相中的梳形聚合物能增加模拟乳状液的稳定性，在实验浓度范围内（$10\times10^{-6}\sim200\times10^{-6}$），聚合物浓度对稳定性影响不大。原油活性组分对聚合物乳状液的稳定性略有增强，其中沥青质作用更为明显。

（四）聚合物驱体系油水界面电性质

在对聚合物乳状液状态参数以及原油活性组分实验分析的基础上，为进一步探究聚合物油水稳定微观的机理，从油水界面电性入手开展了相关研究。吸附到油水界面上的分子如果带有电荷，则会形成界面双电层。分散液滴间的电排斥力能够降低液滴发生碰撞的概率，有助于乳状液的稳定。本项目利用上海中晨数字技术设备有限公司生产的JS94H型微电泳仪，研究了模拟高温高盐驱体系油水界面的电性质。

1. 实验方法

1）实验步骤

用微电泳仪进行界面电性实验。实验时，取5mL油水体积比为1∶4的乳状液，稀释100倍（5%原油）或400倍（100%原油）。取少量加入比色皿，插入十字标调整焦距；然后测量待测样，每隔2～5min测量一次，每次取两组数据，测量值取两次平均数，测量持续60～100min。将测量值进行指数拟合，求得其稳定值。

2）实验条件选择

电泳测定需要有一定透光度，而待测样品不透明，必须稀释后才能测量。经过实验测量，发现测量液含油量是决定透光度的主要因素。测量用液大约0.5mL，其最大含油量为0.3μL（1μL＝0.001mL，0.06%），一般取在0.01%～0.05%。这个浓度下，溶液透光度适当。其他因素有时也产生影响，所以实验时浓度统一取为较低值。待测物油水比都是1∶4，多次测量后选定：5%原油的样品稀释100倍（0.01%），100%原油的样品稀释400倍（0.05%）。

测定数据表明：油相（待测物）成分是决定测量值的唯一因素，稀释方法（顺序）及稀释比例不影响测量值。结果如表1－2所示。

表 1 -2　含油量及稀释比例对测定结果的影响

油相	油水比	稀释比	含油量/μL	含癸烷量/μL	含水量/μL	电位/mV
5%	1 : 9	12. 5	0. 2	3. 8	496. 0	49. 35
5%	1 : 20	5	0. 2	3. 8	496. 0	51. 57
5%	1 : 100	1	0. 2	3. 8	496. 0	50. 45
2. 50%	1 : 4	12. 5	0. 2	7. 8	492. 0	33. 54
0. 05%	1 : 4	1	0. 04	80	419. 9	25. 82

实验重复性较好，多次测量值差距很小，拟合后误差在 1mV 之内(图 1 -10)。

3)待测液处理

待测液是乳状液，为了保证稀释过程中不破坏其中有效成分的比例，稀释过程始终在搅拌下进行。为了保证时间的准确，体现电位随时间的变化趋势，在进行十字矫正后，重新取搅拌中的待测液进行测量。

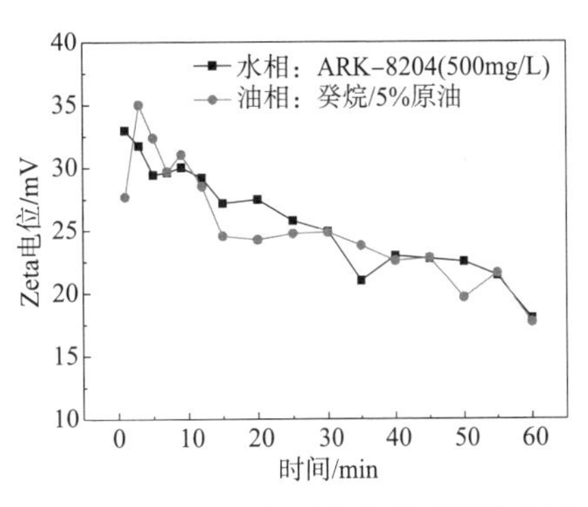

图 1 -10　界面电性测定实验重复性验证

4)数据测量

在测量中优先选择颜色深、大小适当的粒子进行测量。这些粒子处于摄像头焦距正中，其位移能够真实反映粒子的性质，不产生误差。

屏幕中粒子数较多时，选取多个粒子测量，消除粒子不同导致的误差。屏幕中粒子数较少时，可以对一个粒子多次测量，以消除点击时带来的偶然误差。两次摄像时间分别取在电场方向相反时，以消除粒子自发随机位移的影响。测量时间点的选取遵循先密后疏的原则，以免错过测量初期电位的变化趋势。

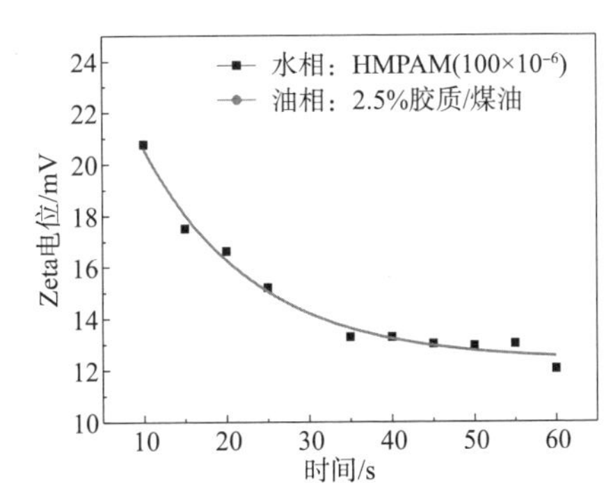

图 1 -11　时间对油水界面 Zeta 电位绝对值的影响

2. 实验结果

模拟高温高盐聚合物驱油水界面 Zeta 电位绝对值随时间变化的代表性曲线如图 1 -11 所示。电位随时间略有降低，然后达到一个平台值。本项目系统研究了聚合物对不同类型油相的界面电性质，相关 Zeta 电位的平台值如表 1 -3、表 1 -4 所示。

表1-3 模拟高温高盐梳形聚合物驱体系油水界面Zeta电位(原油活性组分)

样品		Zeta电位值/mV
100×10^{-6}梳形聚合物(现场水)		
原油活性组分	0.5% 饱和分	-12.22
	2.5% 饱和分	-9.44
	0.5% 芳香分	-14.07
	2.5% 芳香分	-10.14
	0.5% 胶质	-18.17
	2.5% 胶质	-9.45
	0.5% 沥青质	-5.52
	2.0% 沥青质	-23.04
	0.5% 酸性组分	-15.13

表1-4 模拟高温高盐梳形聚合物驱体系油水界面Zeta电位[5%原油(煤油稀释)]

样品		Zeta电位值/mV
5%原油(煤油稀释)		
梳形聚合物/100×10^{-6}	0	-12.06
	50	-25.32
	100	-32.08
	150	-53.54
	200	-61.01

从表1-3中数据可以看出，模拟油中原油活性组分对梳形聚合物界面电性的影响较复杂：随着原油中的饱和分、芳香分和胶质在模拟油中的浓度增大，界面电位绝对值有所降低，这可能是活性组分影响梳形聚合物在界面上的吸附造成的；而随着沥青质浓度增大，界面电位绝对值升高，这可能是由于沥青质是原油中极性最大的组分。

从表1-4中数据可以看出，对于5%的稀释原油，随水相中梳形聚合物浓度增大，界面电负性增强。这是由于梳形聚合物分子中有部分水解形成的负电中心，随着聚合物浓度增大，界面吸附分子增多，界面电性有所增强。

(五)小结

(1)研究聚合物浓度$0\sim200\times10^{-6}$时对油水分离的影响，随聚合物浓度增加，析出油相体积减小，水相含油量增大，说明梳形聚合物能够有效稳定油水乳

状液。进一步研究表明，聚合物驱油水比为1：1的乳状液出油率最低，在油水比为1：1的情况下，形成的乳状液最为稳定。搅拌转速过高并不利于形成稳定的乳状液，15500r/min时稳定性显著增加，随着搅拌时间的增加，形成乳状液稳定性先降低，15min已可达到充分的搅拌效果，继续加快搅拌速度，乳状液的稳定基本不变。

(2)原油活性组分与模拟聚合物驱体系形成的乳状液极不稳定，除沥青质相对略稳定外，在不加入破乳剂的情况下大约1min均可以实现油水完全分离。

(3)分散液滴间的电排斥力能够降低液滴发生碰撞的概率，有助于乳状液的稳定。原油中活性组分对界面电位的影响既与活性组分的类型有关，又与浓度有关。原油中的饱和分、芳香分和胶质在模拟油中的浓度增大，界面电位绝对值有所降低，而随着沥青质浓度增大，界面电位绝对值升高。梳形聚合物分子中既有亲水部分，又有疏水嵌段，因而具有一定的界面活性，能在界面上吸附，对界面电位产生影响，100×10^{-6}浓度时Zeta电位值-32.08mV，是0时的2.66倍。

三、含聚乳状液的形成

一般情况下，原油和地层水共同储藏在同一封闭的地质构造中，除在原油的开采初期采到地面上的原油不含水，在大部分情况下，原油、地层水和化学驱油剂被同时开采到地面，并且开采时间越长，原油中的含水越多。在原油开采过程中，原油和水同时从地层中经油管流向地面，并最终经管道输送到储油罐。在此过程中，原油和水流过喷油嘴、阀门、弯头、管道，经受剧烈的机械剪切而形成乳状液。在用抽油机开采时，抽油机活塞对原油和水的剪切更加剧烈，更易形成乳状液。在稠油开采和输送过程中，为了降低原油的黏度，提高原油的产量，通过油井套管向地层注入表面活性剂溶液或在井口向输油管道注入表面活性剂溶液，使之与原油乳化形成O/W型乳状液。由于表面活性剂能吸附在油管或管道内壁形成一层亲水膜，使管道内壁具有水润湿性，原油乳状液的内摩擦及与管壁的摩擦均为水相摩擦，因而使管线摩擦阻力大幅度降低，提高采油和输送能力。但此方法采出的原油往往形成多重乳状液，加之稠油中含大量的沥青质、胶质，以及聚合物和碱的加入，所形成的乳状液十分稳定，成为含聚乳状液中破乳、进行油水分离最难解决的问题。

四、含聚乳状液的稳定机理

一般认为，含聚乳状液的稳定性主要取决于油水界面性质，在含聚乳状液中，原油中的界面活性组分吸附在油水界面上，形成具有一定强度的黏弹性界面膜，这些界面膜对液珠聚并造成不同程度的动力学障碍，尤其是不可压缩性非松弛膜。这些成膜物质主要是沥青质、胶质、固体石蜡、石油酸皂及其他微量的黏土固体颗粒。这些物质在原油中的含量越高，乳状液的稳定性越好，尤其是沥青质、胶质、石油酸皂等界面活性物含量高的原油，其形成的乳状液具有界面膜稳定性强、机械强度高等特点。

含聚乳状液的稳定性是一个相对概念，乳状液的破坏是一个动态过程。在含聚乳状液的破坏过程中主要包括分散相液珠的聚集、沉降(上浮)、聚并和油水分层等过程。其中主要取决于液珠的聚集和聚并速率的大小，液珠聚集和聚并的速率越小，乳状液越稳定。从动力学角度而言，提高乳状液稳定性的关键是在液珠之间增加一个具有足够高度的势垒，以阻止液珠的聚并。实际上，这也是各种增加乳状液稳定性方法的理论基础。一般情况下，含聚乳状液稳定机理如下。

1. 界面张力稳定理论

含聚乳状液存在很大的界面相，体系的总界面较高，这是乳状液成为热力学不稳定体系的主要原因，也是液珠发生聚并的推动力。液珠的聚并可以减少乳状液的界面面积，降低界面能，使乳状液趋于热力学稳定。聚并使液珠变大，最终会导致乳状液的油水分层，也就是说，聚并在增加乳状液热力学稳定性的同时，会加剧乳状液动力不稳定性。降低油水两相间的界面张力，既可降低单位界面积的 Gibbs 函数，也可实现降低界面能的目的。表面活性剂在油水界面的吸附降低了界面 Gibbs 函数，在油水体系受剪切作用时，容易形成粒径较小的液珠，降低了分散液珠聚并趋势，是影响乳状液聚结稳定和动力稳定的重要原因。总之，乳化剂在油水相界面上的吸附，降低界面张力，使体系热力学不稳定性下降，是乳化剂稳定作用的前提，也是含聚乳状液稳定的重要影响因素。

2. 界面膜稳定

由于布朗运动，含聚乳状液中的液珠频繁地相互碰撞。如果在碰撞过程中界面膜破裂，两个液珠将聚并成一个大液珠。此过程继续下去的最终结果将导致含聚乳状液的破坏。由于液珠的聚并是以界面膜破裂为前提，因此，界面膜强度和紧密程度是乳状液稳定性的决定因素(图 1 – 12)。

表面活性剂分子在油水界面上定向吸附，具有极性的亲水基团在水相中与极性水分子有较大的分子间力，在表面活性剂的亲水基团周围形成水溶剂化层，或称水化层。具有非极性的亲油基团在油相中与非极性的油分子有较大的分子间力，在表面活性剂的亲油基团周围形成油溶剂化层。因此，在乳状液中分散液珠

的油水界面上形成一个表面活性剂分子定向排列的吸附层，此吸附层的油相一侧有一个油溶剂化层，吸附层的水相一侧存在一个水化层。此吸附层及其两个溶剂化层形成油水相间界面层，该界面层机械强度与表面活性剂在油水界面的吸附量及被吸附分子间作用力是分不开的。若表面活性剂浓度较低，界面上吸附的分子较少，膜中分子排列松散，且水化层或油溶剂化层薄，界面层机械强度低，乳状液则不稳定；当表面活性剂浓度增加至一定程度后，界面上就会形成由定向吸附的乳化剂分子紧密排列组成的界面层，此界面层可以阻挡由布朗运动引起的分散液珠间碰撞，使含聚乳状液保持聚结稳定性。

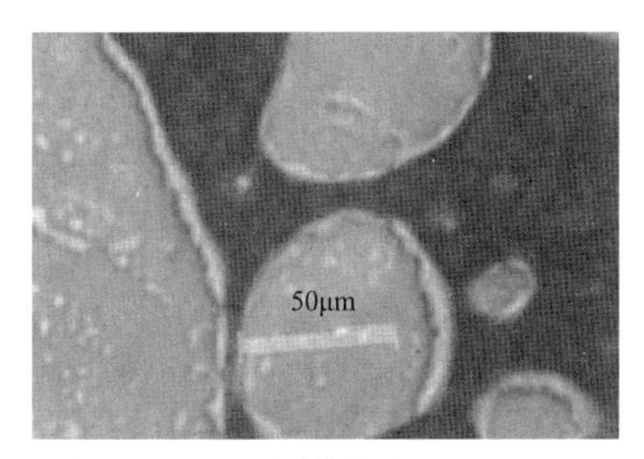

(a) 液滴靠拢过程

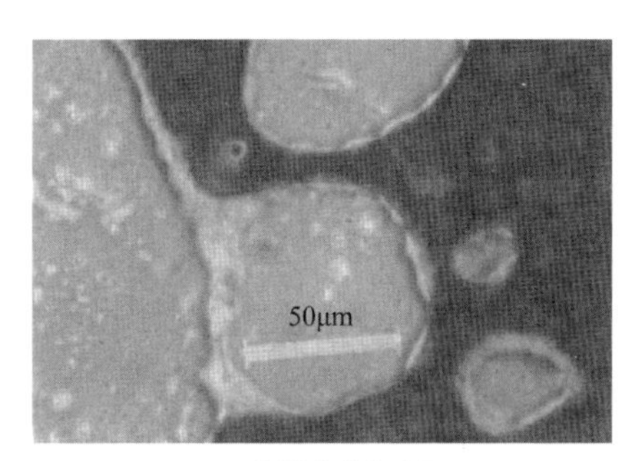

(b) 共同膜形成过程

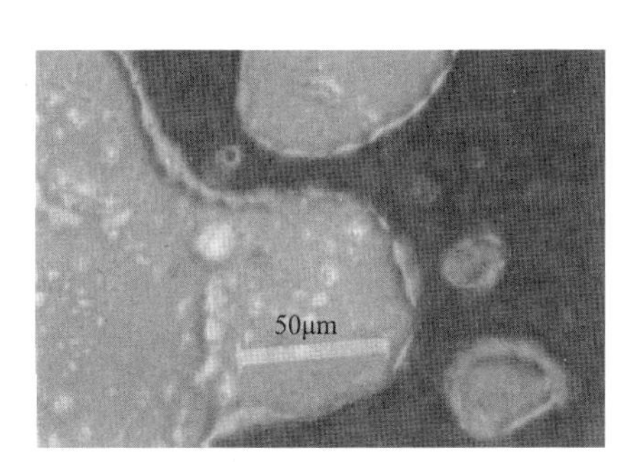

(c) 液滴聚并过程

图 1－12　液滴聚并过程图

此外，适当的混合乳化剂形成的界面膜比单一乳化剂的紧密；油溶性表面活性剂和水溶性表面活性剂同时形成的界面膜强度高。在一定条件下，界面膜的强度可用界面压力、界面剪切黏度和界面膜屈服值等参数表征。

3. 双电层稳定

含聚乳状液的破坏，通常先发生絮凝，然后聚结，逐步被破坏，因而絮凝是液珠合并的前奏，与液珠相互作用的长程力有关，乳状液为液液分散体系，与固液分散体系类似，乳状液的液珠上也会带有电荷，而形成双电层。因此胶体稳定的 DLVO 理论亦基本适于乳状液，即 Van der Waals 力使液体颗粒相互吸引，当液滴接近到表面上的双电层发生相互重叠时，电排斥作用的结果阻止了液珠的聚并，因而增加了含聚乳状液的稳定性。对于油/水型乳状液，油珠所带电荷可能由作为乳化剂的离子型表面活性剂分子电离引起，也可能由于作为乳化剂的固体粉末表面电离或表面吸附水相中离子而带电。此类液珠带的电荷与水相中过剩反离子形成扩散双电层，两液珠相遇时双电层的动电势引起静电斥力，双电层的水化作用也会产生液珠间的斥力，防止了液珠的聚并。

4. 空间稳定

一些高分子化合物不如表面活性剂降低油水界面张力明显，也不如离子型表面活性剂能够使液珠带电形成双电层，但仍可以使含聚乳状液的稳定性明显提高。这些事实表明，除了热力学和电性排斥的因素之外，还有其他的稳定机制在起作用，即所谓的空间稳定。由于高分子化合物种类繁多，相对分子质量及结构、性质差异很大，因此高分子化合物在界面上作用差别很大。高分子化合物在界面上的作用主要取决于两个方面，一方面是高分子基团与水相、油相分子及其他界面活性物质间分子间力(包括静电力、取向力、色散力及氢键作用力)的大小，另一方面为高分子的庞大结构在界面上的空间取向和排列，造成对原有两相界面分子排列的重大影响，以至对界面性质的重大影响。此影响可以破坏原有的界面规整结构，造成破乳作用(常常是界面上有少量高分子的作用)，也会因有界面高分子的存在，加强了界面的机械强度，增强了分散相液珠间的排斥，提高了乳化稳定性(常常是界面上有较多高分子的作用)。后者即所谓空间稳定理论。

5. 固体颗粒稳定

固体颗粒对含聚乳状液的稳定作用，主要是固体颗粒在油水界面形成具有一定机械强度的界面膜。与乳化剂形成的界面膜相比，固体颗粒在油水界面间形成的保护层的厚度及机械强度大得多，因此固体颗粒稳定作用较强，对分散相液珠的碰撞、聚并起到一定的阻止作用。固体颗粒稳定乳状液需要满足以下三个条件：①固体颗粒与乳状液的液珠相比，要足够小；②油水两相对固体颗粒的润湿性相近，并且较易润湿固体颗粒的液体为外相；③固体颗粒的浓度足够大。

只有在此条件下，固体颗粒才能被附着到油水界面上，形成稳定的保护层，将液珠包围起来，阻止其聚并，稳定乳状液。同时改变界面层的结构和性质。实际上界面层中各种分子的作用不是孤立的，常常存在明显的协同作用。因为界面分子之间存在各种分子间力，甚至存在化学键力，分子间常常形成某些结构或拆散某些结构，对界面层强度的影响是各式各样的，是复杂的。这种情况有时会造

成对含聚乳状液乳化稳定性机理研究的困难。

五、油田采出水的稳定机理

油田污水回注最主要的是机械杂质的颗粒大小、含量多少，以及含油量多少。因此油田污水的稳定性主要指机械杂质的悬浮液及原油乳状液的稳定性。

(一) O/W 型原油乳状液的稳定性

经过油水分离处理后的污水中水占 95% 以上。采出液在经进入井筒的射孔、污水处理装置中的泵、阀等处的强烈剪切，这种油水体积比条件下，一般都是 O/W 型原油乳状液，其中原油液珠的直径在 1μm 以下。在油田污水中的油珠稳定存在的首要原因是油珠小、布朗运动强烈、动力稳定性好、同时原油含量少、油珠平均间距大、油珠碰撞概率低、聚结稳定性好。

O/W 型原油乳状液的界面吸附层常常是由原油的极性组分沥青质、胶质、其他小分子极性物组成，也可以是沥青质、蜡的颗粒在界面附着，这些界面层的组成因原油组成、性质的不同而不同。当使用的采油技术添加了一些化学剂时，界面吸附层的组成有所变化，由碱与原油组分的各种水溶性反应产物、添加的表面活性剂、聚合物等分子在界面上竞争吸附构成。此界面吸附层的组成还与水相中的离子组成、pH 值和离子强度有关。其界面张力、界面黏度等界面性质将随之变化。

在 O/W 型原油乳状液的油水界面上所吸附的极性物分子中，常常存在可电离基团电离或与水化离子缔合或配合形成带电离子，使油珠界面带电。界面带电的油珠在水相中形成双电层，扩散双电层在油珠碰撞时产生静电斥力，阻止油珠聚并，提高 O/W 型原油乳状液的稳定性。扩散双电层的静电作用可用电动电势（又称电势）度量，电势愈大，油珠界面静电的保护作用愈大。电势与水相的离子强度有着敏感的关系。

此外，在 O/W 型原油乳状液的油水界面上所吸附的极性物分子与水分子的分子间力和界面的扩散双电层都可使界面的水相部分，形成有一定程度定向排列水分子构成的水化层，对油珠聚并也起阻止作用。水化层的厚薄不仅与界面吸附层的组成有关，还与水相的离子强度有关。

(二) 悬浮液的稳定性

污水中的悬浮固体颗粒包括溶胶粒子（1 ~ 100nm）、泥质（0.1 ~ 10μm）、粉质（10 ~ 100μm）、砂质（ >100μm）等。一般油藏中喉道的直径在 1 ~ 10μm，当回注污水通过喉道时直径大于喉道直径的固体粒子将直接被堵塞滞留。而直径小于喉道直径的固体粒子，通过喉道时可以架桥堵塞。这样的堵塞可能造成油层的伤害，因此，在回注水中应除去这些固体颗粒。在污水中的固体颗粒除了黏土、砂粒、结垢物、水蚀胶结物、锈渣等，还有细菌聚集物等有机物。在油田污水中悬浮的固体颗粒与分散的原油混在一起，对原油的乳化稳定性产生很大影响。因此研究固体颗粒的悬浮稳定性及悬浮的固体颗粒对原油乳化稳定性的影响是十分必要的，由此可以寻找开发油田污水处理技术的研究方向。

油田污水悬浮体的稳定性首先取决于溶胶粒子的聚结稳定性。固相溶胶粒子在水相中的聚结稳定性来自固体表面电离或选择性吸附离子而带电，致使固体与水的界面上存在扩散双电层，使溶胶粒子形成胶团结构(胶核、胶粒、胶团三层结构)。根据 DLVO 理论，溶胶粒子之间的吸引、排斥能与粒子间距存在如图 1－13 所示的总作用势能曲线。

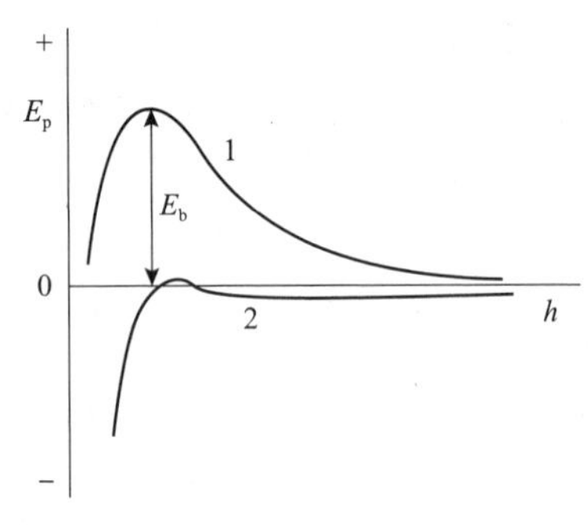

图 1－13　溶胶粒子间总作用势能曲线

图 1－13 中两条势能曲线表示了不同条件下两个溶胶粒子间总作用势能 E_p 随间距 h 的变化关系。由于溶胶粒子包含许多分子组成，彼此之间存在相互作用能。将颗粒间各种可能分子对的分子间力加起来可得颗粒间相互吸引作用势能与颗粒间距的关系。考虑两个颗粒接近其双电层发生重叠时产生静电斥力，可导出静电相斥势能与颗粒间距的关系。将相互吸引作用势能与静电相斥势能相加，可得出颗粒间总作用势能与间距的关系。

图 1－13 中曲线 1 为当溶胶颗粒的双电层较厚、电势较大时，颗粒间相互斥力较大的势能曲线。在颗粒间距较大时颗粒间总势能为负值，存在吸引力，数值很小。当间距 h 减小，静电斥力显示，相互作用能变为正值并且逐渐增大。在 E_b 处达到极大值，如果由于布朗运动两颗粒的相对平动动能不能超过能垒 E_b 值，则颗粒将会分开，使溶胶颗粒不能聚结，溶胶稳定。当溶胶颗粒的双电层较薄、电势较小时，总势能曲线会变为曲线 2，E_b 较低。如果由于布朗运动两颗粒的相对平动动能可以超过 E_b 值，颗粒可以进一步靠近，则相互作用能会逐渐减小，直至变为负值，溶胶颗粒相互吸引而聚结，溶胶失去稳定性而聚沉。

固体颗粒表面的双电层厚薄与水相中的离子强度有很敏感的关系。离子强度 I 与水溶液中离子浓度 b_i 和离子带电荷数 z_i 有如下关系：

$$I = \frac{1}{2} \sum b_i z_i^2 \qquad (1-1)$$

因此，溶液中的各种正、负离子的浓度及这些离子的带电荷数对离子强度均有影响，而且带电荷数的影响较大。在油田污水中水占95%以上，除去替液中添加的碱外，一般水中的各种离子含量是不易改变的。在污水处理时大规模地改变水中电解质含量也是不可取的。因此，油田污水中离子强度主要取决于油藏内的岩石、黏土组成，细菌代谢的生化过程，以及采油技术的选择。悬浮液的稳定性主要取决于双电层的厚薄及电势的变化，因此离子强度、高价离子、有机离子都是稳定性的影响因素。关于这些因素对悬浮液电势的影响如图1－14所示。

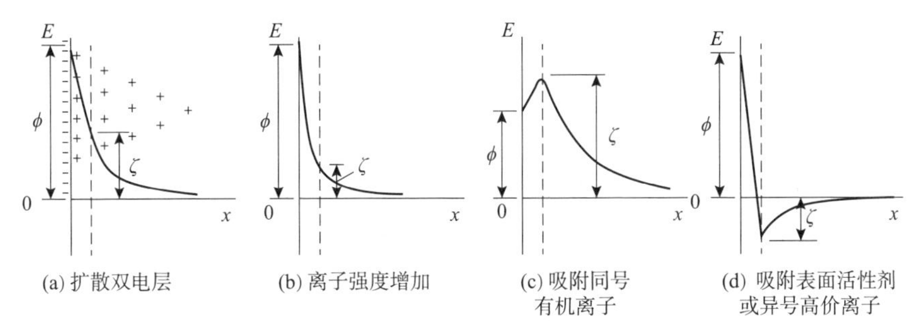

图1－14　固体颗粒表面双电层及电势变化

固体与水相接触，表面电离或吸附带电[图1－14(a)中表面为带负电，此负离子称定势离子]，表面与水相本体间的电势差称定位电势。由于体系为电中性，故溶液中存在围绕表面的反离子[图1－14(a)中为正离子]扩散层。当固体颗粒发生运动时，相对运动的滑动面为图1－14中虚线表示。溶液中电势分布如图1－14(a)中曲线所示，滑动面处与溶液本体的电势差如图1－14中，称为电动电势(电势)。当溶液中电解质浓度增加，离子强度升高，双电层厚度减小，电势下降，如图1－14(b)所示。如果溶液中存在与固体表面带电同号的有机离子(如阴离子表面活性剂电离所得有机阴离子)时，由于有机离子特别大的色散力，优先在固体颗粒表面吸附，使固体表面附近的电势曲线变为如图1－14(c)所示，电势可能超过定位电势。如果由于溶液中存在有机异号离子(如阳离子表面活性剂电离所得有机阳离子)或高价的反离子，由于色散力或静电引力的作用，吸附的异号离子改变了固体表面的带电符号，电势曲线如图1－14(d)所示。电势改号，使溶胶颗粒由负溶胶转变为正溶胶。由于电势可能存在如此的变化，悬浮液的聚结稳定性也会随之变化。

(三) 固体颗粒的性质

由于油田污水中悬浮的固体颗粒主要成分是黏土组分，其中蒙脱土由Si－O

四面体和Al－O八面体组成，晶格中的Al^{3+}往往被一些低价阳离子取代。由于静电作用，黏土粒子表面结合一些正离子，维持电中性。这些正离子在水中会电离，使黏土粒子表面带电形成双电层。因此蒙脱土表面在水溶液中一般带负电。除溶胶粒子有双电层外，污水中的泥质、粉质、砂质在水中均存在双电层的保护作用，且所受各种因素的影响规律是基本相同的。坨四采出水中主要含蒙脱石、高岭土、方解石、长石、石英、伊利石、绿泥石。

1. 蒙脱石

蒙脱石的分子式可写为$Al_4Si_8O_{20}(OH)_4$或$2Al_2O_3 \cdot 8SiO_2 \cdot 2H_2O$，是由两个Si－O四面体晶片和夹在其间的一个Al－O八面体晶片组成。其中Si－O四面体的尖顶指向Al－O八面体，Al－O八面体晶片与上下两层Si－O四面体晶片之间通过共用O原子和氢氧原子团联结形成紧密的晶层，所以称为2：1晶体构造型黏土矿物。由于蒙脱石晶层上下两个外表面皆为O原子层，蒙脱石晶层与晶层之间没有氢键，是以分子间力相结合的。由于晶层与晶层之间吸力小、联结力弱、晶层之间距离较大、水分子容易进入两个晶层之间发生膨胀。此种矿物有较强的晶格取代现象，使晶体带负电，且带电性强，并能吸附较多的阳离子，有较强的离子交换能力。

2. 高岭土

高岭土的化学分子式可写为$Al_4(Si_4O_{10})(OH)_8$或$2Al_2O_3 \cdot 4SiO_2 \cdot 4H_2O$，其晶体构造是由一个Si－O四面体晶片和一个Al－O八面体晶片组成，故称为1：1晶体构造型黏土矿物。这种片状结构在垂直方向上一层层地重叠，而在水平方向上晶层连续延伸。在每一个片状结构中，一面为氧层，一面为氢氧层，而氢氧具有强的极性，晶层与晶层之间容易形成氢键，因而晶胞之间联结紧密，晶格间距为7.2Å，故高岭土的分散性较差。这种黏土矿物比较稳定，晶格中的离子取代现象几乎不存在，且构造单位中原子电荷是平衡的，故高岭土电性微弱。

高岭石黏土矿物的粒度分布通常在0.2～5μm，化学组成理论值：SiO_2的质量分数为46.54%，Al_2O_3的质量分数为39.50%，H_2O的质量分数为13.96%。高岭土矿物中往往伴生一些暗色矿物，高岭石颗粒还吸附一些色素离子，在自然界中完全由高岭石族矿物组成的单矿岩高岭土极少，且多含其他矿物杂质，如蒙脱石、伊利石、黄铁矿、氧化物等。反映在化学成分上，主要氧化物的含量如SiO_2、Al_2O_3等都偏离高岭土理论值，而出现其他元素氧化物如Fe_2O_3、TiO_2和有机碳等。

3. 方解石

方解石的化学分子式为 $CaCO_3$，其理论化学组成包括 CaO 和 CO_2，其质量分数分别为56.04%、43.96%，经常含混入物 Mg(达7.3%)、Fe(达13.1%)、Mn(达16%)，有时含 Sn(达4%)、Pb(达6%)、Sr 和 Ba(3% ~4%)、Ca(达2%)等。方解石晶形变化复杂，常为菱面体、六方柱及板状体，经常呈聚片双晶和接触双晶，集合体多呈致密粒状、晶簇状、钟乳状、鲕状、多孔状及土状等。质纯者无色透明或白色，但因含多种杂质或混入物而呈现灰、深灰、黄、浅黄等色。硬度为3，相对密度为2.6 ~2.8，遇稀盐酸剧烈起泡。$CaCO_3$ 含量在98%以上的石灰岩，工业上称为方解石矿或碳酸钙矿。

4. 长石

长石矿物是一组含钾、钠和钙的铝硅酸盐矿物，分为钾长石、钠长石和钙长石。长石的化学式可以写成(Ca，Na)[(Al，Si)$AlSi_2O_8$]，其晶形呈板状、板柱状，在岩石中常呈板状或不规则的粒状，一般为白色，或带灰色、黄色、浅红色、浅绿色等。硬度为6 ~6.5，相对密度为2.6 ~2.8。

5. 石英

石英是自然界分布最广的矿物之一，占地壳总重的12.6%。在石英族的类质多象变体中，又以在570℃以下稳定的 α－石英最为常见，也就是一般所称的石英。其化学式为 SiO_2，化学成分较纯，Si 占46.7%、O_2 占53.3%。石英晶形完好，多呈由六方柱和菱面体组成的聚形，柱面上有横纹，显晶质集合体有晶簇状、梳状、粒状、致密块状，隐晶质集合体有钟乳状、肾状、结核状等。石英常含少量杂质成分如 Al_2O_3、CaO、MgO 等。石英外观常呈白色、乳白色、灰白半透明状态，硬度为7，断面具玻璃光泽或脂肪光泽，相对密度因晶形而异，介于2.22 ~2.65。

6. 伊利石

伊利石的晶体结构和蒙脱石相似，也是2：1型晶体构造，即伊利石也是由两层 Si－O 四面体晶片中间夹一层 Al－O 八面体晶片组成。但存在一定区别，即蒙脱石易水化膨胀，而伊利石的此性质很弱。这主要是因为，伊利石的 Si－O 四面体晶片中较多的四价硅离子(Si^{4+})被三价的铝离子(Al^{3+})取代，晶格中出现的负电荷由吸附在伊利石晶层表面的 O 原子层中的一价钾离子(K^+)所中和。K^+ 直径为2.66Å，而晶层表面的 O 原子六角环的空穴直径为2.80Å，K^+ 正好嵌入 O

原子六角环中。由于嵌入氧层的 K^+ 的作用，将伊利石垂直方向上的相邻二晶层拉得很紧，联结力很强，水分子不易进入其晶层之间，因此不易水化膨胀。伊利石由于晶格取代显示的负电性已由 K^+ 中和，K^+ 嵌入 O 原子六角环中，接近于成为晶格的一部分，不易解离，故伊利石电性微弱，在其晶层表面不再有很大可能吸附其他的正离子。

7. *绿泥石*

这类黏土矿物类似伊利石结构，即两个 Si－O 四面体片夹一个八面体片，不同之处是多出一片氢氧镁石八面体片，故称为 2∶1＋1 型黏土矿物。其结构化学式可写为 $\{Mg[Al_xSi_{8-x}O_{20}](OH)_4\}_n^- \cdot \{Mg_{6-x}Al_x(OH)_{12}\}_n^+$。绿泥石的晶层间联结力除了范德华引力和水镁石八面体上 OH 根开成的氢键处，就是阳离子交换后形成的静电力。所以绿泥石晶层一般不具有膨胀性。

六、孤东油田含聚污水乳化特征

(一) 存在的问题

随着聚合物驱的开展，含聚合物溶液大量注入地层，油井采出液进而发生严重乳化，加之采出液黏度增加，导致油水分离困难，同时采出液携带的细小悬浮物含量增加，最终采出水水质表现为油及悬浮物含量均较高、乳化严重，这给采出水处理带来了极大的困难。从胜利油田含聚污水的演变情况来看，特别是污水含聚量在 50mg/L 以上时，这种现象尤为突出。

在聚合物驱和调驱措施中所用聚合物多为水解聚丙烯酰胺(HPAM)。由于 HPAM 分子中既含—COO—，又含—CONH，因而既是一种阴离子高分子聚合物，又是一种亲水性表面活性剂。聚合物驱和调驱水井对应的油井采出液中存在聚合物、碱和表面活性剂，使得含聚合物的含油污水成为一种复杂的油水体系，采出液黏度增大，原油乳化严重，油水很难靠自然沉降分离，其较注水驱采出液更加难以处理(图 1－15)。在原油脱水方面具有脱水率降低、污水质量下降、水中有杂质生成、油水界面不清晰且有中间层，电脱水系统不能正常运行的特点。在脱水后污水处理方面呈现出采出液黏度增加，油水分离速度减慢，污水处理能力下降的现象。加之 O/W 型乳状液的形成，使处理后的污水含油超标，残留的 HPAM 与阳离子型絮凝剂和混凝剂共存时影响絮凝沉降效果，导致污水含油量和悬浮物含量严重超标。可见，聚合物的存在已严重影响原油脱水和含油污水处理效果，使得污水站来水水质恶化。

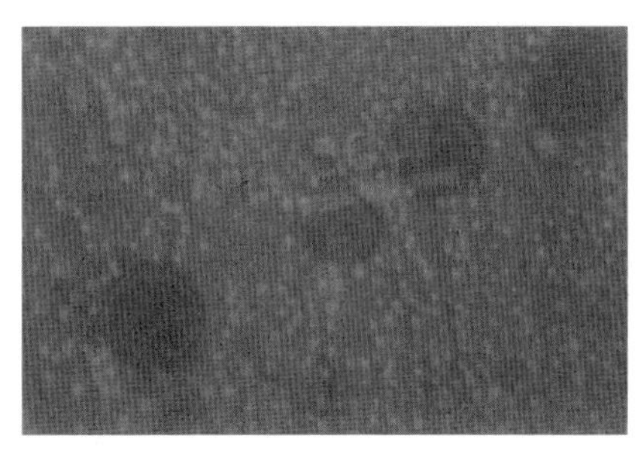

(a) 聚合物驱采出液：水相分散体系稳定，黏度大

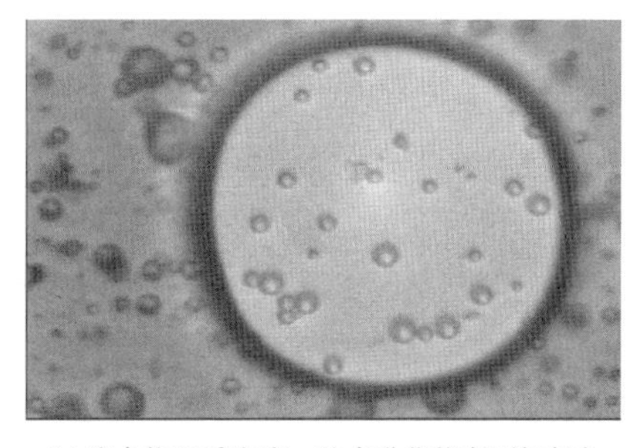

(b) 聚合物驱采出液：油水乳化状态更加复杂

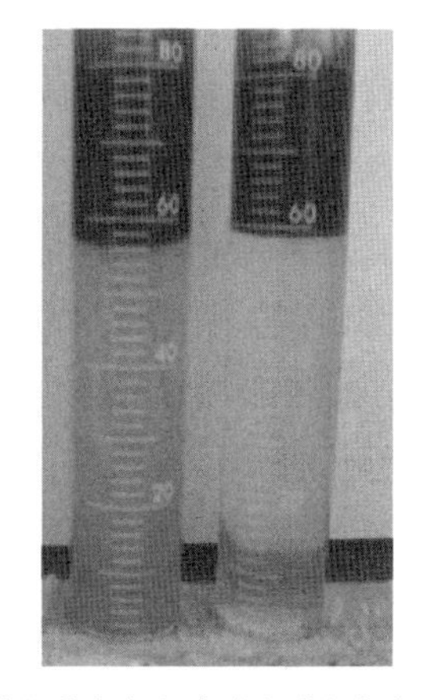

(c) 聚合物驱采出液(左)与水驱采出液(右)外观对比

图 1－15　含聚污水性质

对含聚污水进行自然沉降试验。在沉降时间 5h、沉降温度 50℃ 的试验条件下，得出沉降结果如图 1－16、图 1－17 所示。

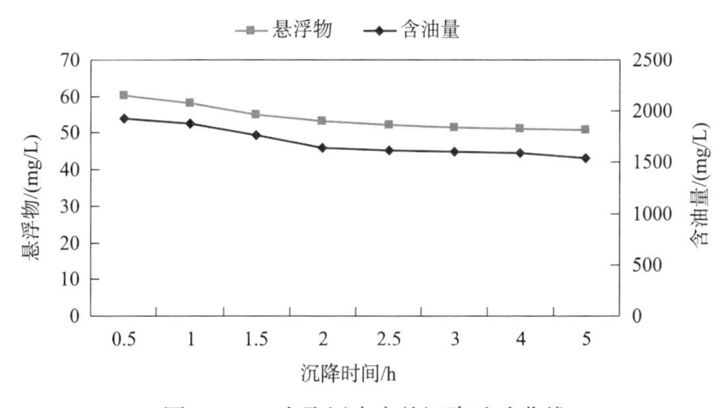

图 1－16　含聚污水自然沉降试验曲线

图 1－17　含聚污水自然沉降水质比较

由自然沉降试验图 1－16 和图 1－17 可以看出，随着时间的增加污水中含油量及悬浮物含量变化不大，说明 O/W 型含聚乳状液乳化稳定性较强，这是联合站内外输污水含油升高的主要原因。

根据上述试验可见，含聚采出水与常规水驱采出水存在较大的性质差异，这主要是由于化学驱采出液 O/W 型乳状液中含有大量的聚合物等驱油剂。化学驱采出水问题主要体现在以下几方面：①油水界面张力低、负电性强、界面弹性模量和界面黏度大、界面膜强度高、油珠聚并困难；②油水乳化程度高、油珠粒径小、油水分离速率低；③机械杂质含量高，造成部分油珠之间聚并困难，静置沉降过程中在油水层之间出现 W/O 型或 O/W 型中间层；④含聚合物采出液水相黏度大；⑤采出液水相中存在聚合物的三维结构，不利于油珠的聚集和聚并；⑥化学驱采出水乳化性质与水驱采出水相比有了本质的变化，经过常规流程处理，出现了污水净化（O/W 型乳状液）困难等问题。

（二）孤东油田化学驱采出水主要特征

（1）东二联原油密度为 946.2kg/m^3，黏温曲线表明采出液适宜的脱水温度在 60℃左右。

（2）孤东油田污水具有矿化度高、有机污染物成分复杂、聚合物含量高等特点，取东二联污水进行全离子分析，其矿化度为 12347.84mg/L，pH 值为 7.5，水体呈弱碱性。

（3）取东二联污水站进水进行室内沉降试验，结果表明，由于东二联污水含聚量高达 120mg/L，油水乳化程度高，自然沉降 6h 后含油量仍高达 481.3mg/L，悬浮物为 44.2mg/L，油水分离困难。

（4）对比同一油藏的常规水驱和化学驱采出液可知，原油物性和污水水质变化并不大，油水的乳化性质变化大。化学驱采出的复杂乳状液的高效率处理是目前较大的难题。

第二章　气浮水处理技术

气浮法净水技术是国内外正在深入研究并不断推广的一种水处理技术。1860年气浮法用于选矿，1980年后气浮法气浮技术迅速发展。通过某种方式产生大量的微气泡，使其与水中密度接近于水的固体或液体颗粒黏附，形成密度小于水的浮体，在浮力的作用下上浮至水面，实现固液或液液分离，如图2-1所示。

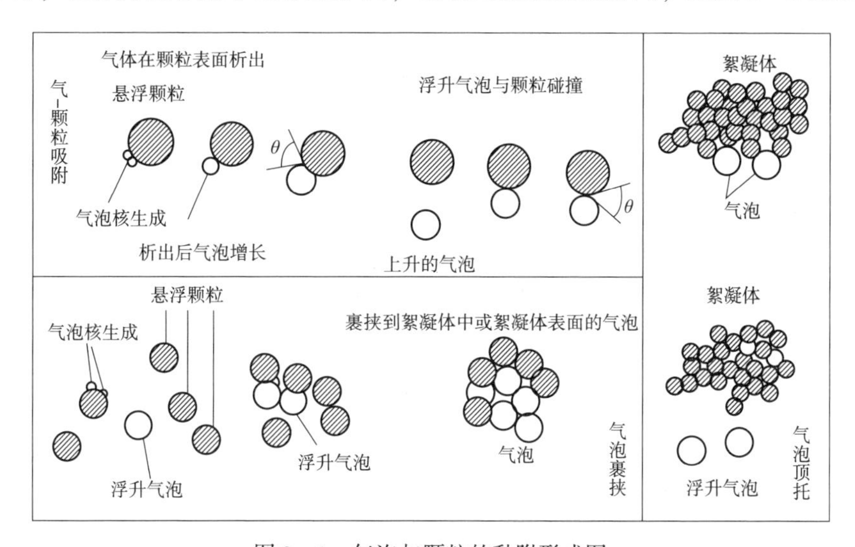

图2-1　气泡与颗粒的黏附形式图

第一节　常用气浮技术

气浮法分类如表2-1所示。

表2-1　气浮法按气泡产生方式分类

类别	散气气浮	电解气浮	溶气气浮
产气方式	压缩空气通过微孔板	电解池正负极板产生氢气泡和氧气泡	加压溶气
	机械力高速剪切空气		真空产气

续表

类别	散气气浮	电解气浮	溶气气浮
气泡尺寸	0.5～1.0mm	氢气泡：≤30μm	加压：30～150μm
		氧气泡：≤60μm	真空：20～100μm
表面负荷	5～10m^3/(m^2·h)	4m^3/(m^2·h)	5～10m^3/(m^2·h)
主要用途	矿物浮选、生活污水和工业废水处理。如油脂、羊毛脂等废水的初级处理。表面活性剂的泡沫分离	工业废水处理。含各种金属离子、油脂、乳酪、色度和有机物的废水处理	给水净化、生活污水、工业废水处理。可取代给水和废水处理中的沉淀和澄清；可用于废水深度处理的预处理和污泥浓缩

一、散气气浮法

散气气浮法可分为转子碎气法(也称涡凹气浮或旋切气浮)和微孔布气法两种。

前者依靠高速转子的离心力所造成的负压而将空气吸入，并与提升上来的废水充分混合后，在水的剪切力的作用下，气体破碎成微气泡而扩散于水中(图2-2)；后者则是使空气通过微孔材料或喷头中的小孔被分割成小气泡而分布于水中(图2-3)。

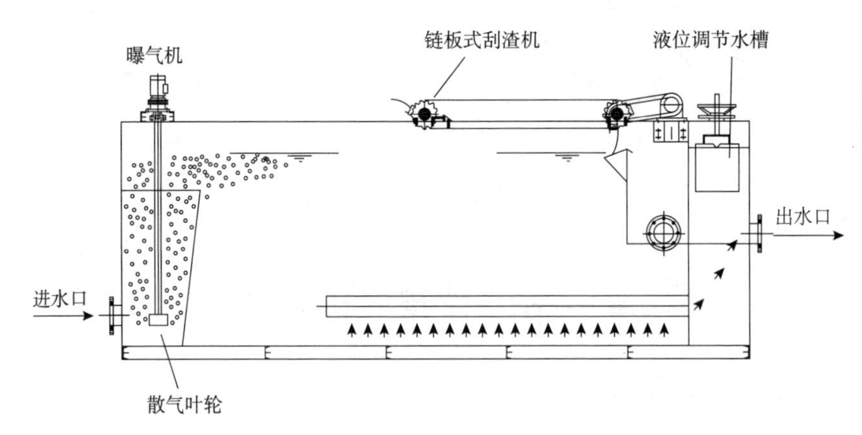

图2-2　转子碎气法

散气气浮法产生的气泡直径均较大，但在能源消耗方面较为节约，多用于矿物浮选和含油脂、羊毛等废水的初级处理及含有大量表面活性剂废水的泡沫浮选处理。

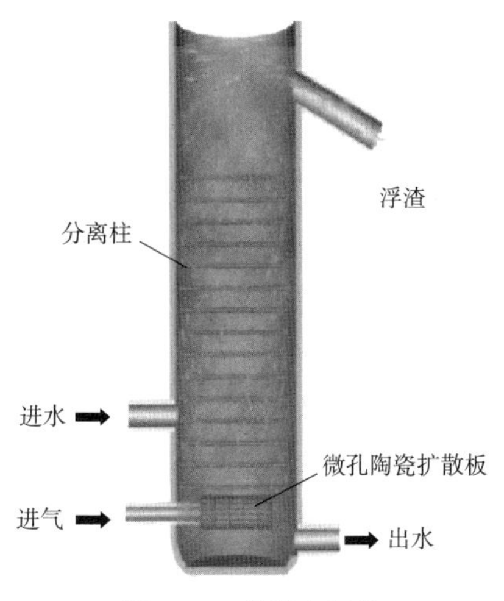

图 2-3　微孔布气法

二、电解气浮法

电解气浮法是将正负相间的多组电极安插在废水中，当通过直流电时，会产生电解、颗粒的极化、电泳、氧化还原以及电解产物间和废水间的相互作用（图 2-4）。废水电解产生微细气泡，携带废水中的胶体微粒、油污共同上浮，达到分离净化的目的。但电解凝聚气浮法存在耗电量多、金属消耗量大以及电极易钝化等问题，因此，较难适用于大型生产。

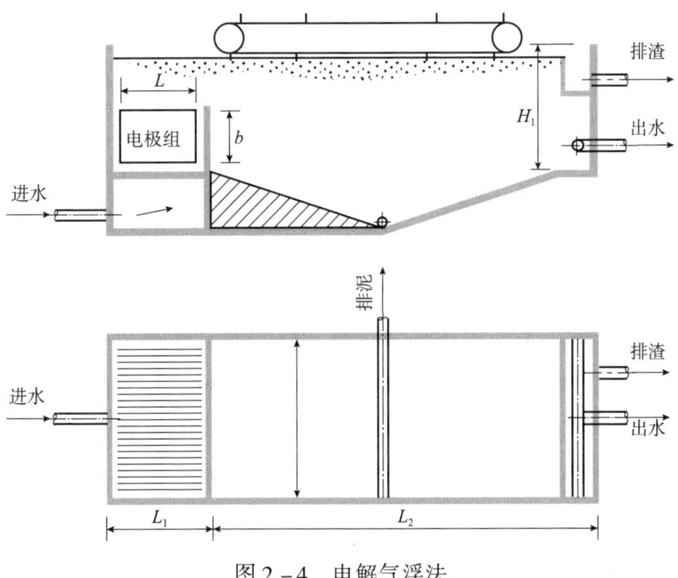

图 2-4　电解气浮法

三、溶气气浮法

利用溶气气浮法(DNF)可以进一步强化对含聚污水的除油效果，溶气气浮是气浮的一种，利用水在不同压力下溶解度不同的特性，对全部或部分待处理水进行加压、加气，增加水的气体溶解量；形成的溶气水注入加过混凝剂的待处理水中，在常压下释放，使空气以小气泡的形式析出，黏附在杂质絮粒上，造成絮粒整体密度小于水而上升，从而使固液分离。气浮法回收原油主要依靠合适的除油药剂并采用合理的气浮形式实现。首先向污水中加入除油剂，这种药剂是一种较弱的有机混凝剂，其易于结合油粒而难于结合悬浮物，利用其对污水中的乳化油破乳，基本不影响悬浮物的存在状态。除油剂在混凝过程中使小油粒凝结成较大油粒，从而易于分离。混凝后的污水加入溶气水，溶气水释放出 30 ~ 50μm 的微小气泡，气泡仅与处于脱稳状态的油粒结合，而难以与处于稳定状态的悬浮物结合。结合气泡后的油粒密度远小于水，因而上浮，形成可回收的浮油。

其分类如表 2 -2 所示。

表 2 -2　溶气气浮法类型及适用条件

类型		适用条件
真空气浮法		在负压条件下运行，构造复杂、运行和维修困难、应用少
压力溶气气浮法	全溶气气浮	能耗高、气浮池容积小，适用于原污水分离悬浮物浓度较低，且不含纤维类物质的污水
	部分溶气气浮	气浮池容积小，适用于原污水分离悬浮物浓度较低，且不含纤维类物质的污水
	回流溶气气浮	能耗低，适用于原污水污染物浓度高，水量较大，有混凝、破乳预处理的污水，是目前应用最广泛的气浮设备

1. 真空气浮法

废气在常压下被曝气，使其充分溶气，然后在真空条件下，使废水中溶气析出，形成细微气泡，黏附颗粒杂质上浮于水面形成泡沫浮渣而除去(图 2 -5)。优点：气泡形成、气泡黏附于微粒以及絮凝体的上浮都处于稳定环境，絮体很少被破坏，且气浮过程能耗小。缺点：溶气量小，不适于处理含污染物浓度高的废水；气浮在负压下运行，刮渣机等设备都要在密封气浮池内，所以气浮池的结构复杂、运行维护困难，故此法应用较少。

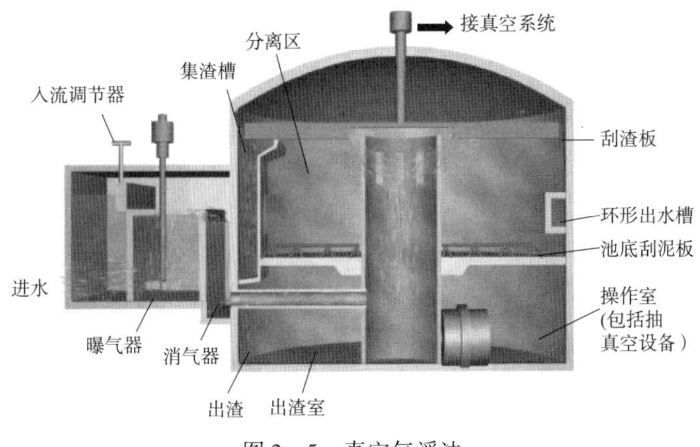

图2－5　真空气浮法

2. 压力溶气气浮法

压力溶气气浮法又分为全溶气气浮、部分溶气气浮、回流溶气气浮三类。具体介绍如下。

1)全溶气气浮

全溶气气浮法是将全部原水加压溶气。原水全部加压后进入溶气罐，与压缩空气混合，气水混合后的污水进入气浮池，实现固液或液液分离。这种方法因为污水要全部加压，因此能耗较高，同时原水水质较差容易污染溶气罐和堵塞释放器(图2－6)。另外，这种方法不适于需要加药混凝的原水。因此，只能在水量较小，原水水质较好的情况下使用。

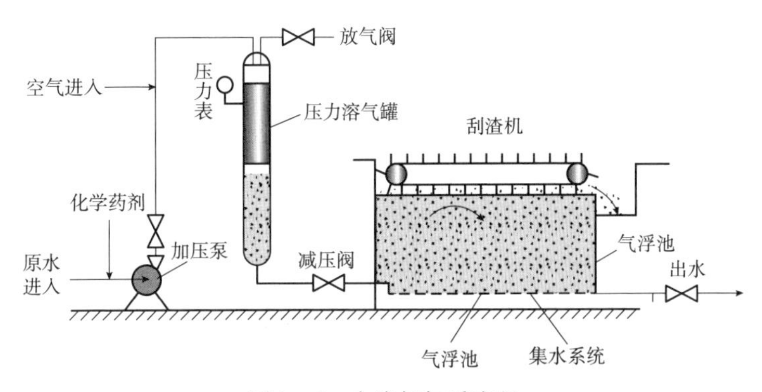

图2－6　全溶气气浮流程

2)部分溶气气浮

将一部分原水加压溶气后进入气浮池，减压释放出微小气泡与未加压溶气的原水混合，形成气浮体(图2－7)。这种方法在原水水质较好的情况下使用。

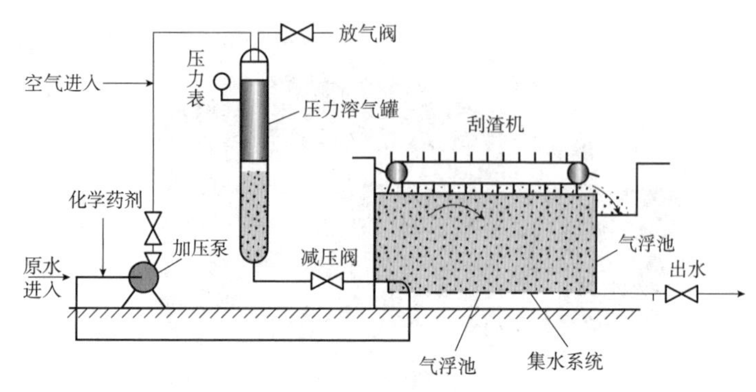

图2－7　部分溶气气浮流程

3）回流溶气气浮

回流溶气气浮法是将部分净化后的水通过循环泵加压，在溶气罐中与压缩空气混合形成高压溶气水，进入气浮池内与原水混合（图2－8、图2－9）。这种方法适用于原水需要加药混凝的工艺，同时水质较差时也可以应用。因此是目前应用最为广泛的溶气气浮工艺。

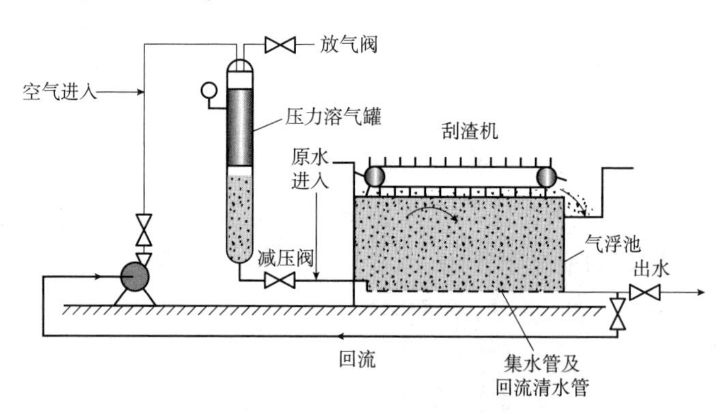

图2－8　回流溶气气浮

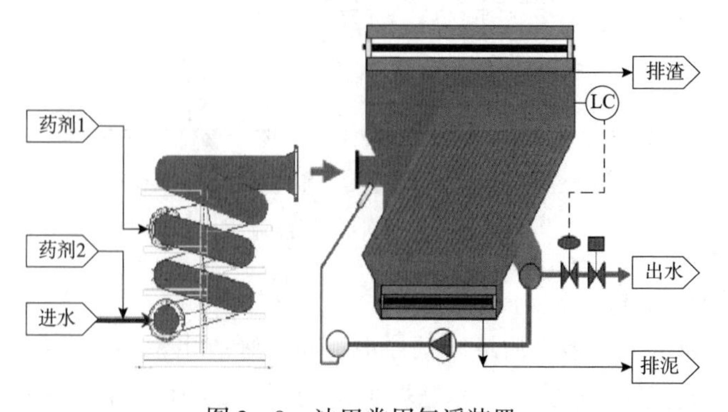

图2－9　油田常用气浮装置

第二节　气浮技术矿场实践

一、“气浮＋过滤”矿场试验

（一）基本情况

优选6种技术进行现场试验，试验结果如表2－3所示，主要工艺为“气浮＋过滤”。

东一联污水处理试验装置基本参数统计表过滤器试验区域设于东一联一次除油罐西侧。如图2－10所示。

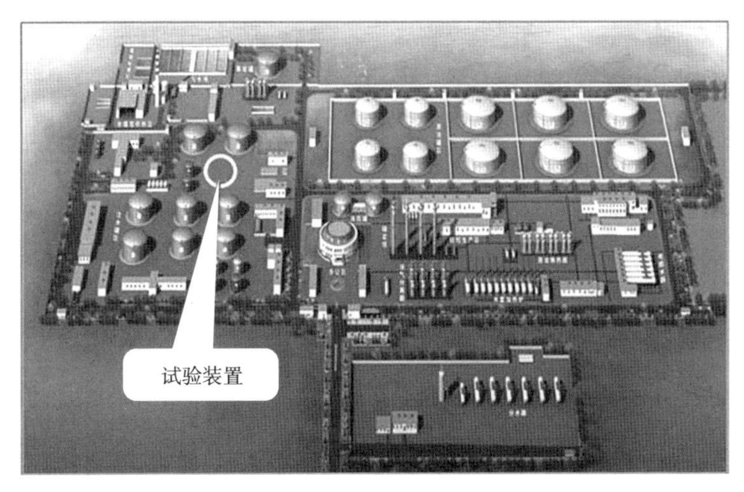

图2－10　东一联试验现场布置

试验装置共用一条进水管线，保证一个进水条件。

10d平均进水含油量3025.97mg/L，悬浮物101.67mg/L，粒径中值8.16μm，聚合物235mg/L。试验数据录取时，将装置检修、试验工艺变化等运行不正常时间扣除，个别试验装置运行时间不足10d，因此，评价单个试验装置处理效果时，会出现进水水质不一致的情况。6种技术含油、粒径中值都能达标，悬浮物达标的仅有1#、3#技术。其中，1#技术有效运行天数少，废水比例达到43.8%。

（1）1#试验设备设计处理量为10m^3/h，试验工艺为“一级气浮除油＋一级沉降除油＋两级过滤”，其中在两级过滤系统中增加了电极处理装置，该装置主要用于杀菌及降低腐蚀。如图2－11所示。

表 2-3　东一联气浮技术试验统计表

序号	处理工艺	设计试验水量/(m^3/h)	实际试验水量/(m^3/h)	过滤器滤速/(m/h)	装置进水指标			装置出水目标		
					含油量/(mg/L)	悬浮物/(mg/L)	粒径中值/μm	含油量/(mg/L)	悬浮物/(mg/L)	粒径中值/μm
1#	“一级气浮除油＋一级沉降除油＋两级过滤”	10	9	≥6	1500	100	/	30	10	4
2#	“两级气浮除油＋两级过滤”	6	6	≥8						
3#	“一级曝气除油＋一级旋流除油＋两级过滤(核桃壳＋金刚砂)”	50	39	≥8						
4#	“两级气浮＋一级过滤(核桃壳＋金刚砂)”	10	13	≥6						
5#	“一级聚结除油＋一级精细过滤”	10	9	≥6						
6#	“一级气浮＋一级过滤(金刚砂)”	10	8	≥8						

图 2－11 “一级气浮除油＋一级沉降除油＋两级过滤”试验设备

(2)2#试验设备设计处理量为 $6m^3/h$，试验工艺为“两级气浮除油＋两级过滤”。如图 2－12 所示。

图 2－12 “两级气浮除油＋两级过滤”试验设备

(3)3#试验设备设计处理量为 $50m^3/h$，现场采用“一级曝气除油＋一级旋流除油＋两级过滤(核桃壳＋金刚砂)”处理工艺。如图 2－13 所示。

图 2－13 “一级曝气除油＋一级旋流除油＋两级过滤(核桃壳＋金刚砂)”试验设备

(4)4#设备设计处理量为10m³/h，现场采用“两级气浮+一级过滤(核桃壳+金刚砂)”处理工艺。如图2-14所示。

图2-14 “两级气浮+一级过滤(核桃壳+金刚砂)”试验设备

(5)5#设备第一级采用新型粗粒化材料，第二级采用新型阻油树脂材料，设计处理量为10m³/h，现场采用“一级聚结除油+一级精细过滤”处理工艺。如图2-15所示。

图2-15 一级聚结除油+一级精细过滤试验设备

(6)6#污水处理装置设计处理量为10m³/h，现场采用“一级气浮+一级过滤(金刚砂)”处理工艺。如图2-16所示。

(二)气浮装置试验情况

气浮装置的主要作用是除油，并为过滤系统提供保障，一般情况下过滤装置进水水质要达到“双50”。

1. 除油效果

试验装置进水含油量3000mg/L以上，4#的两级气浮技术效果最好，投加除油剂浓度17.6mg/L，出口含油量5.05mg/L，其余5种技术都在100mg/L以上，

图 2-16　“一级气浮 + 一级过滤(金刚砂)”试验设备

范围为 100~180mg/L，会加重过滤器负荷，缩短滤料更换周期。气浮除油效果优劣排名为：4#、2#、1#、3#、6#、5#。如图 2-17 所示。

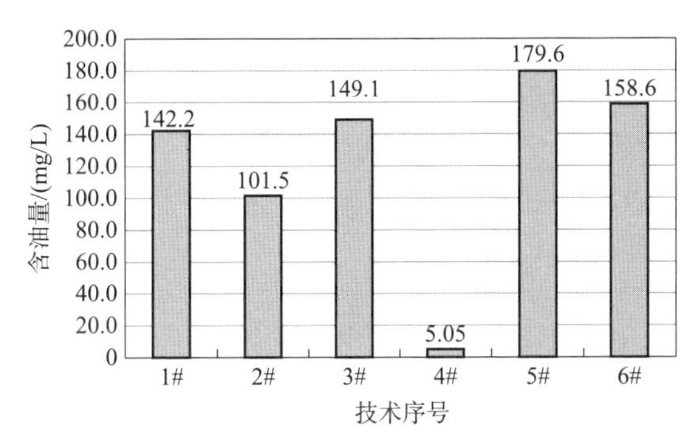

图 2-17　气浮除油效果对比

2. 除悬浮物效果

来水悬浮物 101.67mg/L，6 种技术出水悬浮物含量 14.0~48.1mg/L，满足小于 50mg/L 的要求，优劣排名为：1#、3#、5#、2#、4#、6#。如图 2-18 所示。

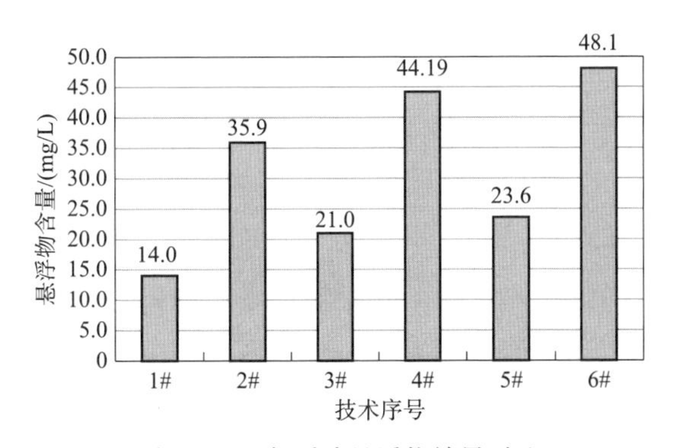

图 2-18　气浮除悬浮物效果对比

3. 粒径中值情况

来水粒径中值 8.16μm，出水粒径中值均小于或等于 3.1μm，满足小于 4μm 的要求。优劣排名为：4#、1#、6#、3#、5#、2#。如图 2－19 所示。

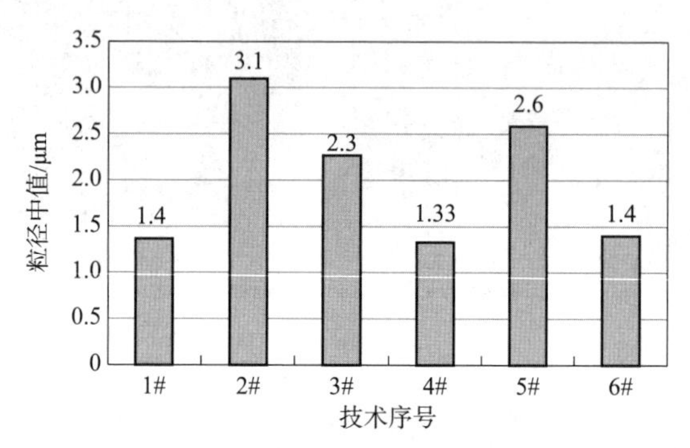

图 2－19　气浮出水粒径中值情况

（三）整体工艺（“气浮＋过滤”）试验情况

含油和粒径中值可以达到 30－10－4（含油量小于 30mg/L、悬浮物含量小于 10mg/L、粒径中值小于 4μm）的要求，悬浮物含量仅有 2 家单位的两级过滤工艺可以控制在 10mg/L 以内。

1. 除油情况

过滤后含油量均小于第四级水质要求 <30mg/L（ ）。优劣排名为：4#、3#、2#、6#、1#、5#。如图 2－20 所示。

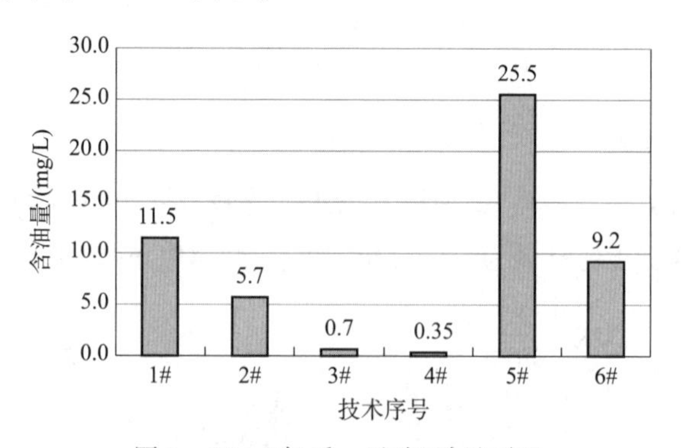

图 2－20　“气浮＋过滤”除油对比

2. 除悬浮物情况

采用两级过滤工艺的 3#和 1#，悬浮物含量指标可以达到小于 10mg/L 的标准，3#采用两级核桃壳＋金刚砂过滤，1#采用两级核桃壳过滤。其他四种工艺悬浮物不达标。如图 2－21 所示。

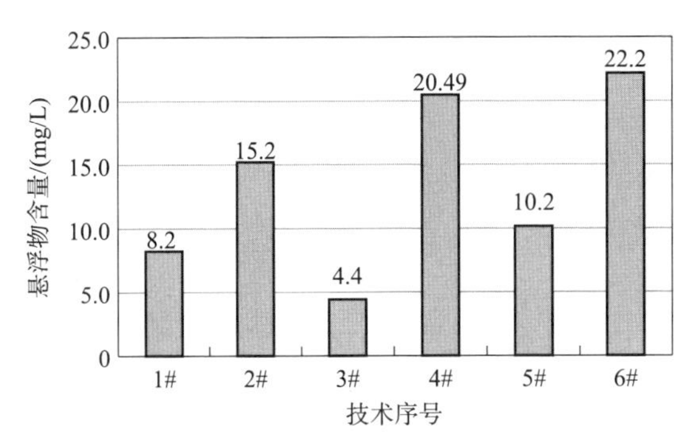

图 2－21　“气浮＋过滤”除悬浮物对比

3. 粒径中值情况

第四级注水水质要求粒径中值小于 4.0μm，6 种试验工艺粒径中值均达标。来水粒径中值为 8～8.8μm，过滤出水粒径中值为 1.2～2.0μm。其中采用两级过滤工艺的粒径中值小于 1.5μm，采用一级过滤的为 1.20～2.0μm。如图 2－22 所示。

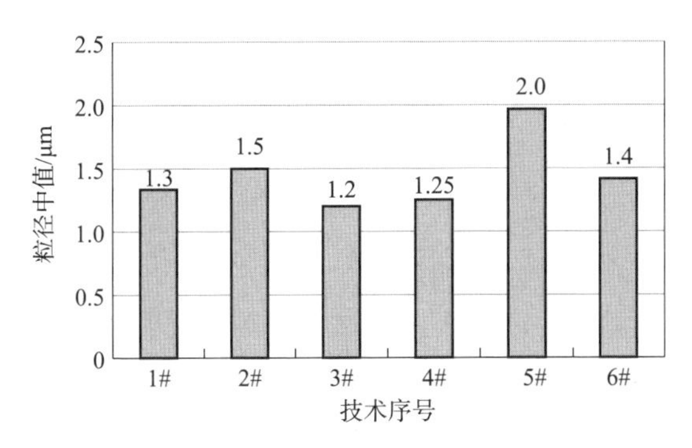

图 2－22　“气浮＋过滤”粒径中值对比

4. 运行成本等试验情况

1）电费＋药剂费的处理成本

目前，东一联污水处理成本为 0.69 元/m^3，其中药剂成本为 0.54 元/m^3。试验成本为在现有处理成本基础上的增加量，优劣排名为：5#、6#、1#、3#、4#、2#。如图 2－23 所示。

2）试验装置产生污泥情况

1#产泥率达到 43.4%，主要原因是装置为压力系统，污泥排放量大于重力装置；其他试验装置受自身结构特点的影响，污泥排放量也不一致，3#、4#、5#产泥率低于 10%。污泥排放量大，造成联合站污泥处置压力和污水回收负荷，不利于生产调节。如图 2-24 所示。

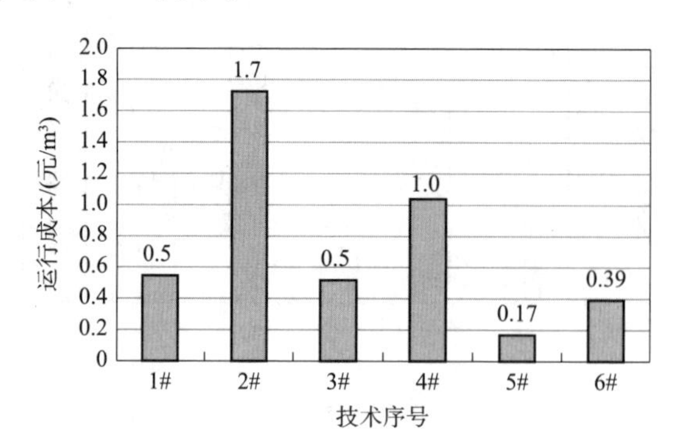

图 2-23 “气浮+过滤”运行成本对比

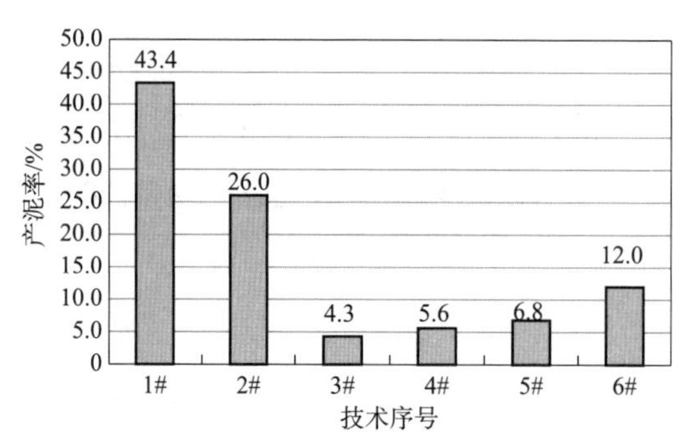

图 2-24 “气浮+过滤”产泥率对比

3)试验装置产水率

装置进出水的比例称为产水率，产水率越高，说明污水处理过程中产生的废水越少。3#、4#、5#产水率均超过 90%。如图 2-25 所示。

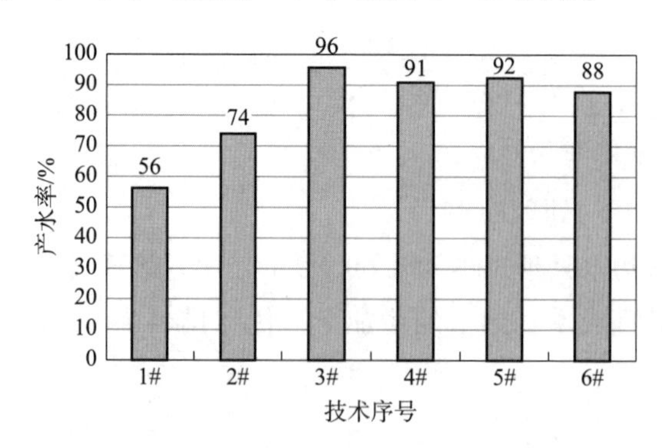

图 2-25 “气浮+过滤”产水率对比

4)试验装置有效运行时间

5#为防止过滤器滤芯堵塞，频繁开启过滤器旁通，试验数据不准确；1#在试验

期间更换了滤料；6#装置投运时间晚，3 家有效运行时间不够 10 天。如图 2－26 所示。

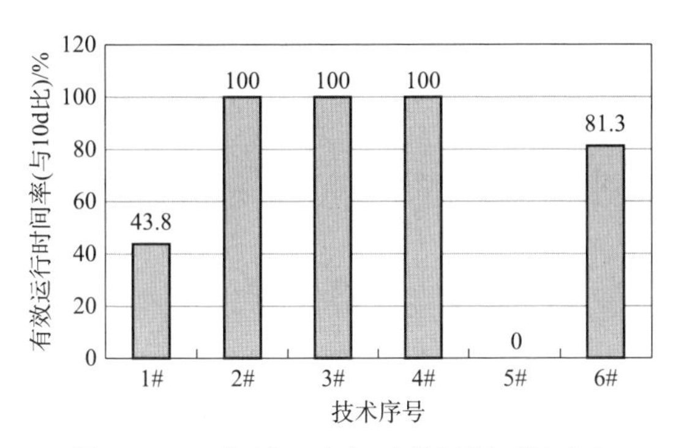

图 2－26　“气浮＋过滤”有效运行时间对比

(四) 小结

(1) 从气浮装置运行情况看，4#设备两级气浮技术比较有优势(表 2－4)。且该技术已在孤岛、胜采工程化应用，技术成熟可靠。

(2) 从“气浮＋过滤”联合运行情况看，只有 1#和 3#可以满足 30－10－4 的指标要求，1#产水率仅为 56%，有效运行时间率 43.8%，运行成本 0.5 元/m^3；3#产水率 96%，有效运行时间率 100%，运行成本 0.5 元/m^3，相比较而言，3#技术更有优势(表 2－4)。3#技术采用“一级曝气除油＋一级旋流除油＋两级过滤(核桃壳＋金刚砂)”处理工艺，虽然指标达标，但处理工艺长、设备多、不易工程化应用。

(3) 总体来看，污水处理的难点是小颗粒悬浮物的去除问题，一级过滤不能达标，两级过滤可以达标，但设备数量翻倍，过滤器长期运行稳定性在试验中无法验证，胜利油田含聚站过滤器没有成熟案例。

二、HCF 气浮技术矿场实践

随着油田含聚污水水量逐年增大，乳化程度越来越显著，油水分离困难，为保证水质达标，目前通常采用投加大量阳离子型或无机药剂的方法，导致成本高、污泥产出量大、堵塞注水管线、产生的老化油影响原油脱水，今后需要采用投药少、成本低、效率高、污泥产出少的污水处理工艺。胜利油田勘察设计研究院丁慧等首次将一级聚结，二级高梯度聚结＋气浮，三级油水分离进行一体化集成，适合处理含聚高乳化含油污水，采用纯物理三级处理工艺，不加药、集成度高、成本低、设备结构合理、维护方便。

表 2－4　东一联污水试验情况统计表

序号	处理工艺	处理水量/(m^3/d)	进出水差额比例/%	污泥比例/%	耗电/(kW·h)	耗药剂/(kg/d)	处理成本/(元/m^3)	进水			出水			气浮除油装置			有效运行时间率/%
								含油量/(mg/L)	悬浮物/(mg/L)	粒径中值/μm	含油量/(mg/L)	悬浮物/(mg/L)	粒径中值/μm	含油量/(mg/L)	悬浮物/(mg/L)	粒径中值/μm	
1#	“一级气浮除油＋一级沉降除油＋两级过滤”	226. 7	43. 8	43. 4	158. 6		0. 5	3841. 5	85. 4	8. 8	11. 5	8. 2	1. 3	142. 2	14. 0	1. 4	43. 8
2#	“两级气浮除油＋两级过滤”	148. 2	26. 0	26. 0	327. 5		1. 7	3026. 0	101. 7	8. 2	5. 7	15. 2	1. 5	101. 5	35. 9	3. 1	100
3#	“一级曝气除油＋一级旋流除油＋两级过滤（核桃壳＋金刚砂）”	941. 7	4. 3	4. 3	463. 5	12. 5	0. 5	3084. 8	102. 4	8. 8	0. 7	4. 4	1. 2	149. 1	21. 0	2. 3	100
4#	“两级气浮＋一级过滤（核桃壳＋金刚砂）”	303. 1	9. 1	5. 6	325. 6	5. 3	1. 0	3025. 97	101. 67	8. 16	0. 35	20. 49	1. 25	5. 05	44. 19	1. 33	100
5#	“一级聚结除油＋一级精细过滤”	206. 7	7. 6	6. 8	44. 6		0. 17	3084. 8	102. 4	8. 8	25. 5	10. 2	2. 0	179. 6	23. 6	2. 6	0
6#	“一级气浮＋一级过滤（金刚砂）”	199. 9	12. 2	12. 0	100. 2		0. 39	2956. 4	104. 9	8. 6	9. 2	22. 2	1. 4	158. 6	48. 1	1. 4	81. 3

(一)HCF 气浮技术原理

其工艺过程包括：一级聚结，采用水平侧向波折流板式聚结，使水中部分分散油和乳化油发生聚并，形成大油珠，与浮油共同去除。同时，通过采用特殊的聚结区与污泥区的连通结构，去除部分悬浮物；二级高梯度聚结气浮，一级聚结后的污水进入此区域，该区域采用中速旋流，建立高梯度流场，使小颗粒油滴再次产生碰撞聚结形成大油滴，同时采用溶气气浮，离心力的作用加速了油滴与气泡的黏附，进一步提高油滴的上浮速度；三级油水分离，采用辐流式低表面负荷油水重力分离方式，使油水快速分离，经中心区气浮配水涌出大量气泡的扰动作用，将水中上层浮油推至中心收油槽，使污油得以去除。此区域同时可去除大部分悬浮物。出水一部分进入下一级构筑物，另一部分回流至溶气系统，经加压溶气后再进入二级聚结气浮区。高梯度聚结气浮技术将旋流、聚结、气浮工艺融为一体，提高了原有单独工艺的处理效果。通过在孤东采油厂东二联合站的现场试验以及在胜利采油厂坨一联合站实际工程的设计、施工、调试运行，验证了该工艺的先进性与实用性，为今后该工艺的推广提供了坚实的技术依据。

(二)HCF 气浮技术工程实践

1. 工程概况

东二联污水站位于孤东油田北部，随着油田开发建设，化学驱采出水处理量逐渐增多，2018 年水中聚合物含量增长到 150mg/L，为解决原有重力沉降工艺不适应化学驱采出水处理的问题，开展改造工程，采用“气浮 + 聚结 + 过滤”工艺，设计规模 $4.1\times10^4m^3/d$，主要工程内容包括新建 $2000m^3$ 高梯度聚结气浮装置 4 套、$2000m^3$ 玻璃钢缓冲罐 2 座、$1000m^3$ 反洗回收水罐 1 座、双滤料过滤器 30 套、加药装置 3 套、污泥浓缩池及压滤装置 1 套；改造 $5000m^3$ 聚结沉降罐 2 座，配套自控、土建和电气设备等(图 2－27)。

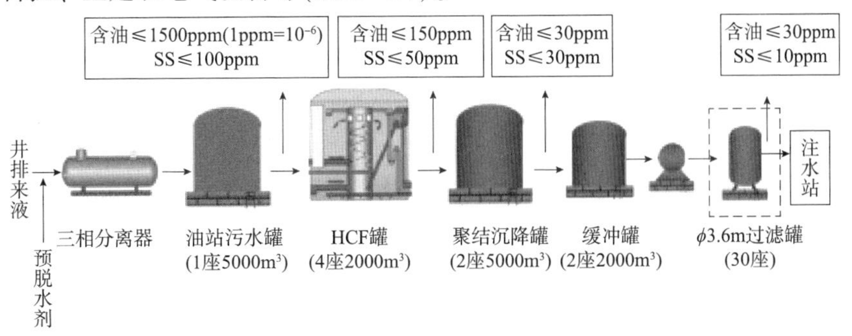

图 2－27　东二联污水站改造工程工艺流程

2. HCF 装置运行情况

1)投产初期水质运行情况

自高梯度聚结气浮装置于 2019 年 9 月底投产以来，高梯度出水便能够达到设计出水要求，但该站整体出水水质未达到设计要求。如表 2－5 所示。

表 2－5　各节点出水水质含油量指标　　mg/L

时间	HCF 进水	HCF 出水	聚结沉降罐出水	缓冲罐出水	备注
2019 年 10 月	406.8	125.6	123.9	144.1	
2019 年 11 月	370.7	102.7	93.4	93.5	
2019 年 12 月	421.9	101.6	82.9	107.8	
2020 年 1 月	689.8	206.7	178.3	164.9	预脱水剂加药点调整

(1)单体设备调试。

①聚结除油罐调试。

投产初期两座聚结除油罐出口含油量高于进口含油量(表 2－6)。为防止某一座聚结除油罐出现问题导致两座罐出口汇管含油量大幅度升高，逐次停运聚结除油罐，高梯度气浮罐处理后采出水经旁通流程超越聚结除油罐后直接进入缓冲罐，观察出口含油情况，外输污水含油情况未发现明显变化，说明聚结除油罐虽除油效果不好，但不会增加含油量。

表 2－6　聚结沉降罐投运前后指标对比　　mg/L

序号	气浮罐含油量		聚结除油罐含油量		外输
	气浮进	气浮出	进口	出口	
1	785.6	103.9	132.9	241.6	175.6
2	690.5	84.7	126.2	297.8	173.7
3	371.5	103.85	停	停	175.6
4	368.6	84.7	停	停	173.7
5	627.5	128.325	停	停	163
6	403.5	115.7	停	停	142.6
7	458.8	105.3	停	停	177.6
8	785.6	229.9	停	停	141.7
9	468.5	69.7	停	停	181.4
1～3 平均	738.1	94.3	129.6	269.7	174.7
4～9 平均	497.71	130.15	停	停	165.09

聚结沉降罐取样口与缓蚀剂、杀菌剂加药位置接近，为防止药剂投加对取样准确性的影响，短时间停止投加缓蚀剂、杀菌剂。缓蚀剂、杀菌剂在前段投加时，若浓度较高时会对管壁、罐壁原来的挂壁油污有一定的清洗作用，这样也会造成聚结除油罐出口含油量高于进口，为排除这一可能，对缓蚀剂、杀菌剂进行停加。停加后外输采出水含油量未见明显变化，说明取样口不是影响含油的主要因素。如表 2－7 所示。

表 2－7　聚结沉降罐投运前后指标对比　　mg/L

序号	气浮罐进出口含油量		聚结除油罐含油量		外输
	来水	气浮出	进口	出口	
1	371.5	103.85	132.9	241.6	175.6
2	368.6	84.7	126.2	297.8	173.7
3	627.5	128.325	136.2	221.3	163
4	403.5	115.7	122.1	202.5	142.6
5	458.8	105.3	125.3	189.5	177.6
6	785.6	229.925	136.4	192.6	141.7
7	468.5	69.66	129.5	188.8	181.4
平均	497.7	119.6	129.8	219.2	165.1

②高梯度气浮罐调试。

在取样过程中发现高梯度气浮罐出口含量较多，考虑溶气量过大，未分离的气团进入没有溶气释放装置的聚结除油罐气沉降紊乱，为此重新调试气浮系统：一是降低氮气溶解量，观察高梯度气浮罐出口含气量的变化；二是停运制氮系统，仅靠来水自身含气量观察指标变化情况。在制氮系统停运的情况下，聚结除油罐出口含油量在 157.4mg/L，效果下降。如表 2－8 所示。

表 2－8　氮气回流系统投运前后指标对比　　mg/L

序号	气浮罐进出口含油量		聚结除油罐含油量		外输
	来水	气浮出	进口	出口	
1	356.6	89.4	105.1	73.6	164.7
2	155.9	39.5	70.4	113.9	133.3
3	293.8	74.2	83.3	85.7	109.9
4	163.9	42.0	60.7	67.2	115.6
5	174.4	44.9	78.5	73.6	121.2
6	130.9	34.2	48.6	51.9	83.3

续表

序号	气浮罐进出口含油量		聚结除油罐含油量		外输
	来水	气浮出	进口	出口	
7	174.4	45.4	71.2	55.9	138.9
8	239.7	61.9	105.9	107.5	136.5
投氮气平均	211.2	53.9	78.0	78.7	125.4
1	650.8	162.7	153.6	160.1	227
2	310.4	77.6	133.9	146.5	192.1
3	406.4	101.6	136.8	177.6	136.9
4	198.9	49.7	182.4	192.1	154
5	569.3	142.3	110.6	138.8	127.1
6	291	72.8	138.8	119.4	108.7
7	671.2	167.8	177.6	164.9	112.6
8	468.5	117.1	129.1	150.4	141.7
9	284.2	71.1	131	152.3	133.9
10	543.2	135.8	159.1	151.4	156.2
11	690.5	172.6	171.7	177.6	182.4
停氮气平均	462.2	115.6	147.7	157.4	152.1

(2)单线流程调试。

①溢流流程调试。

东二联采出水处理站原溢流流程全部接入站内提升池，然后由提升泵回收。受缓冲池改造等因素的影响，东二联采出液处理站原溢流流程终端处于被封堵状态，溢流管处于一种连通管状态，任何一座罐发生溢流其溢流出的污水都有可能进入设计溢流高度较低的罐内。而原溢流管线内存在大量污油，一旦其他罐发生溢流都有可能将原溢流管线内所存污油顶入聚结除油罐内，造成聚结除油罐出口含油量较进口含油量升高。在排查过程中，4 座高梯度气浮罐溢流管线没有发现流体流动声音，同时管线外壁没有发现温度升高的现象，因此可基本排除溢流管线串油引发聚结除油罐出口含油量高于进口的可能性。

②收油流程调试。

东二联采出水处理站原收油流程均为采出水处理罐收油，通过收油流程将罐内污油排入站内提升池，由于提升池改造缩小，将站内所有采出水处理罐收油流

程进行了改造，采出水处理罐收油流程全部接入提升泵进口。提升泵在此之前是用于抽油罐放底水，流程改造后，油罐放水与水罐收油共用一条汇管进入提升泵，若水罐收油阀门发生关闭不严或出现内漏，均可导致油罐所放高含油采出水进入 5000m³ 聚结除油罐，最终导致出口含油高于进口。经排查，收油流程沿程上共有 2 道阀门控制，即使关闭不严或内漏，也不会造成出口含油大幅度升高。

2) 水质分析

(1) 从水质分析看，水中乳化油含量较高，需要破乳分离。如表 2 –9 所示。

表 2 –9 水中乳化油含量检测数据 mg/L

取样时间	取样点	含油量	乳化油含量
2019 年 10 月 25 日	HCF 来水	191.2	85.6
	HCF 出水	68.0	46.2
2019 年 10 年 31 日	HCF 来水	244.0	90.6
	HCF 出水	62.1	45.6
2019 年 11 月 19 日	HCF 出水	92.5	38.6
2019 年 11 月 20 日	HCF 出水	89.6	36.5

(2) 从采出水站基本管理措施入手，排查处理设施运行参数。

检查新建 4 座高梯度气浮装置油厚和排泥情况，保持合理参数，联合设计院优化回流比和溶气量，从 0 ~ 100% 分别进行了测试。

(3) 缓存池未改造完成，采出水沉积物未及时排出。

油田开展缓存池治理工作，拆除原有不防渗缓存池，改造后的缓存池容量仅为原来的 1/10，且东二联采出水站调试期间未施工完成，导致采出水处理设施不能及时排泥，水质受到影响。

分水器排砂工作同样受到影响，缺少缓存池储存沉积物，沉积物积存在设备内部，沉降空间减小、水质变差，当沉积物增加到一定厚度后还会随采出水进入水站，在源头上增加采出水处理难度。

(4) 采出水处理站进口管线含气量大，水流不畅，影响沉降效果。

采出水站来水分为分水器来水和油罐放水两部分，管径分别为 *DN*700 和 *DN*400。分水器出水压力为 0.2MPa，油罐放水压力为 0.12MPa，两条管线均有含气现象，影响平稳分离，同时油罐放水管线含气量大于分水器来水，形成气阻，出水不畅，在管线上部接出放气管线，连续排气，保持出水畅通。

3. 水质调整措施

1)药剂筛选试验

(1)常规除油剂效果不好。

针对东二联水质不达标的情况，先后4次进行室内药剂筛选，如表2-10所示，筛选出合适药剂后(该药剂为阳离子剂)，并在东二污进行3次现场试验，如表2-11所示，现场试验效果均不理想，出水水质不能达到设计要求。

表2-10 室内药剂筛选情况 mg/L

药剂名称	加药量	来水	高梯度出水	备注
		含油量	含油量	
空白	—	244.0	62.1	
1#反相破乳剂（万达化工）	10	132.9	39.3	
	20	127.5	26.3	
2#反相破乳剂（盛嘉化工）	10	73.8	19.3	推荐现场试验
	20	55.6	15.2	
3#反相破乳剂	10	161.5	42.9	
	20	142.8	30.0	

表2-11 现场药剂试验情况

时间	来水/(mg/L)	气浮出/(mg/L)	5000m³出水/(mg/L)	外输/(mg/L)	加药量/t	备注
2019年11月26日	—	71.23	—	94.60	0.7	加药点为HCF进水
2019年11月27日	—	56.08	—	51.90	0.7	
2019年11月28日	—	80.7	—	91.40	0.6	
2019年12月6日	284.8	59.8	36.5	39.9	0.6	加药点为HCF出水
2019年12月6日	302.2	81.4	57.3	63.1	0.6	

(2)聚合铝处理效果好，絮凝物多。

由于水中乳化油含量较高，为进一步验证药剂的适用性，2019年12月20日再次在现场进行药剂筛选试验(图2-28)，经充分混合，试验水质可以达到设计指标要求，但产生黏稠状絮状物，该物质易造成后续收油及油系统处理难度加大甚至运行困难，故认为不适用。

图 2-28　现场药剂筛选试验(左边两个为原水，右边两个为加药后)

(3)药剂投加点调整试验效果不明显。

东二联污水系统一直连续投加预脱水剂，投加点位于油系统三相分离器水相出口，为验证药剂对水质的影响，采油厂将加药点调整为采出水处理站进口，加药浓度为20mg/L。在加药点位置调整后，设计院进行了4次现场节点水质跟踪检测，根据跟踪检测数据(表2-12)分析，5000m^3罐进口含油升高且悬浮物出现升高的情况，后续采油厂又将预脱水剂的加药点改为原加药点。

表 2-12　各节点水质检测情况

取样日期	取样点位置	含油量/(mg/L)	乳化油/(mg/L)	悬浮物/(mg/L)	粒径中值/μm	聚合物/(mg/L)
2019年12月31日	油站来水	733.8	165.2	16.5	2.942	—
	5000m^3罐进口	297.9	93.4	47.1	2.160	—
	5000m^3罐出口	143.7	35.9	34.4	19.673	—
	缓冲罐出水	210.4	61.8	25.8	13.753	—
2020年1月2日	油站来水	564.2	106.0	14.4	3.757	—
	5000m^3罐进口	118.1	30.2	60.6	2.244	—
	5000m^3罐出口	174.3	46.8	42.8	2.672	—
	缓冲罐出水	145.4	38.3	31.9	3.638	—
2020年1月9日	三相分离器水相出口	2200.0	586.4	60.0	6.036	156.1
	油站来水	1150.0	345.0	60.0	3.883	164.2
	5000m^3罐进口	363.2	105.2	55.1	3.742	160.3
	5000m^3罐出口	245.0	70.6	31.4	3.379	160.1
	缓冲罐出水	205.9	65.8	50.0	3.816	158.6

续表

取样日期	取样点位置	含油量/(mg/L)	乳化油/(mg/L)	悬浮物/(mg/L)	粒径中值/μm	聚合物/(mg/L)
2020年1月10日	三相分离器水相出口	2482.6	602.4	86.0	6.421	—
	油站来水	1198.2	354.2	15.7	5.879	—
	5000m^{3}罐进口	154.8	52.0	56.6	6.926	—
	5000m^{3}罐出口	150.2	49.5	46.8	2.258	—
	缓冲罐出水	137.8	35.9	30.3	2.351	—

(4)开发新型除油剂。

扩大筛选范围，胜利油田石油工程技术研究院进行专项分析，合成新型除油剂，室内评价除油效果好，进入现场试验。如表2－13所示。

表2－13　除油剂筛选评价结果

药剂名称	加药量/(mg/L)	目测对比	含油量/(mg/L)	除油率/%	备注
CWO－6	5	3	43.3	41.6	颠倒10下
	10	2	32.5	56.2	
	15	1	23.3	68.5	

2)调试确定采出水处理设施运行参数

通过摸索调试，确定高梯度气浮罐回流比100%，油厚小于30cm，聚结沉降罐油厚小于30cm，两座缓冲罐收油管线维修投产，油厚小于10cm，保持基本参数稳定，为水质观察分析提供基础条件。

3)调整分水器排砂、污水罐排泥流程

针对缓存池不能及时投产，沉积物随产随治的工作要求，对排砂和排泥流程分析调整，利用2#油罐缓冲容积，改造分水器排砂流程进油罐，污水罐底部沉积物通过吸泥泵排至2#油罐，2#油罐沉积物积存到一定厚度后清砂外运，解决了采出水处理过程沉积物积存的问题。

4)源头水质分析，减少气体对采出水处理的影响

(1)围绕分水器和油罐两个来水源进行分析研究。

对分水器结构检查清理，清理出内部聚合物、泥沙等淤堵物，更换出水凡尔机构4套，降低水出口漏气；油罐放水管线管径由*DN*700改为*DN*400后，虽然也能满足出水量要求，但流速加大后，水箱顶部连通管成为射流吸气口，大量空气随高速水流进入采出水站，改变了沉降分离条件，用盲板封闭连通管，防止吸

入空气。

(2)要实现油水高效分离，必须先分气。

为进一步降低气体对采出水处理的影响，尝试降低东二联原油处理系统油气分离器运行压力，在保证天然气外输的情况下，运行压力下调 0.03MPa，分水器、油气分离器多分离出天然气 3000m^3/d，既产生经济效益又降低了气体对油水分离的影响。

通过上述工作的实施，东二联外输水含油量由投产初期的150mg/L左右，降至32mg/L。如表2－14所示。

表2－14　各节点出水水质含油量指标　　mg/L

时间		油站来水含油量	HCF出水含油量	沉降出水含油量	外输水	
					含油量	悬浮物
5月27日	10：00	761	89.6	39	25.8	15
	14：00	488	101	43.9	28.4	17
5月29日	10：00	552	78.7	33.9	33.8	14
	14：00	447	69.2	81.6	26.4	17
6月1日	10：00	486	40.6	75.4	36.5	16
	14：00	570	31.9	66.5	29.6	10
6月2日	10：00	780	120	116.8	39.8	16
	14：00	841	130	106	35.8	16
平均值		615.6	85.3	70.8	32	15.1

第三章　过滤水处理技术

第一节　常用过滤技术

过滤是去除污水中悬浮物的一种有效方法。过滤时，含悬浮物的水流过具有一定孔隙率的过滤介质，水中的悬浮物被截留在介质表面或内部而除去。根据所采用的过滤介质不同，可将过滤分为下列几类。

(1) 格筛过滤：过滤介质为栅条或滤网，用以去除粗大的悬浮物，如杂草、破布、纤维等。

(2) 微孔过滤：采用成型滤材，如滤布、滤片、烧结滤管、蜂房滤芯等，用以去除粒径细微的颗粒。

(3) 膜过滤：采用特别的半透膜作过滤介质，在一定的压力、电场力等作用下进行过滤，可以除去水中细菌、病毒、有机物和溶解性溶质。

(4) 深层过滤：采用颗粒状滤料，如石英砂、无烟煤等。由于滤料颗粒之间存在孔隙，原水穿过一定深度的滤层，水中的悬浮物即被截留。

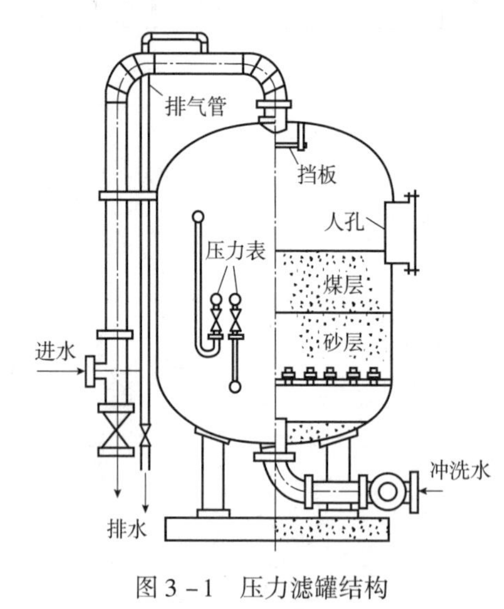

图 3－1　压力滤罐结构

一、滤罐结构

在油田含油污水处理中应用最广泛的是单层或多层压力滤罐，其结构如图 3－1 所示。压力滤罐是密闭式圆柱形钢制容器，大多采用立式结构，外部装有滤料及进水和排水系统。进水用泵直接打入，滤后水压力较高，可直接进入注水站吸水罐中。

滤料是过滤设备的核心组成部分，提供悬浮物接触凝聚的表面和纳污的空间。应满足下列要求：

①有足够的机械强度，在冲洗过程

中不因碰撞、摩擦而破碎；

②有足够的化学稳定性，不溶于水，对废水中的化学成分足够稳定，不产生有害物质；

③具有一定的大小和级配，满足截留悬浮物的要求；

④外形近乎球形，表面粗糙，带有棱角，能提供较大的比表面积和孔隙率；

⑤价廉，易得。

在油田含油污水处理中石英砂、无烟煤粒、核桃壳使用最广。滤料的粒径和级配应适应悬浮颗粒的大小和去除效率要求。粒径表示滤料颗粒的大小，级配表示不同粒径的颗粒在滤料中的比例。滤料层可采用单种滤料，也可采用多种滤料。滤床层数越多，过滤效果越好，但多层滤床容易发生滤料混层和流失，滤料加工复杂，因此滤料层数一般不超过3层。在多层滤床中，密度大、粒径小的滤料放在下部，密度小、粒径大的滤料放在上部。如图3－2所示。

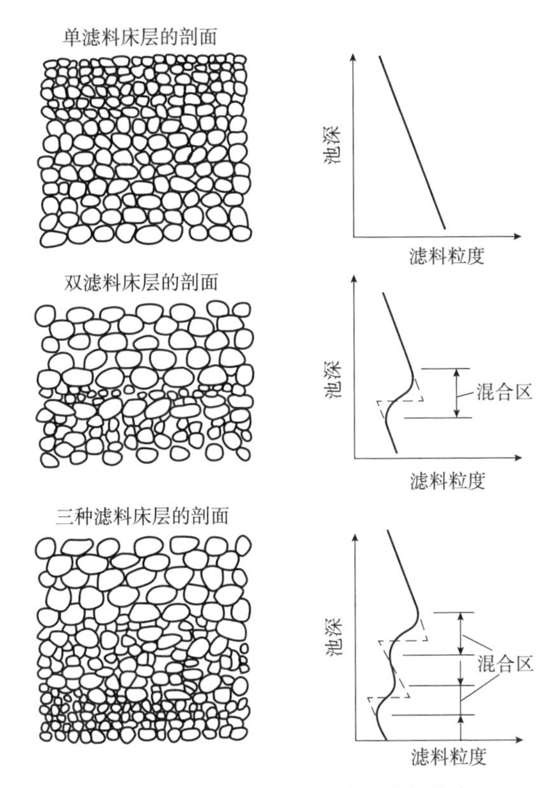

图3－2　多层滤料床层滤料粒径分布

滤料底部有垫层，主要起承托滤料的作用，防止滤料随过滤水流失，同时也帮助均匀配水，如果配水系统的孔眼直径很小，布水也很均匀，垫料层可以减薄或省去。

二、过滤机理

过滤分离悬浮颗粒主要机理为迁移机理、附着机理和脱落机理。

(一)迁移机理

悬浮颗粒脱离流线而与滤料接触的过程，就是迁移过程。引起颗粒迁移的主要原因如下。

(1)筛滤：比滤层孔隙大的颗粒被机械筛分，截留于过滤表面上。

(2)拦截：随流线流动的小颗粒，在流线汇聚处与滤料表面接触。

(3)惯性：具有较大动量和密度的颗粒因惯性冲击而脱离流线碰撞到滤料表面上。

(4)沉淀：如果悬浮物的粒径和密度较大，将存在一个沿重力方向的相对沉淀速度。

(5)布朗运动：对于微小悬浮颗粒(如 $d<1\mu m$)，由于布朗运动而扩散到滤料表面。

(6)水力作用：由于滤层中的孔隙和悬浮颗粒的形状是极不规则的，颗粒受到不平衡力的作用不断地转动而偏离流线与滤料接触。

(二)附着机理

由迁移过程而与滤料接触的悬浮颗粒，附着在滤料表面上不再脱离，就是附着过程。引起颗粒附着的因素主要有如下几种。

(1)接触凝聚：水中脱稳的胶体与滤料表面凝聚，即发生接触凝聚作用。

(2)静电引力：当悬浮颗粒和滤料颗粒带异号电荷时相吸，反之，则相斥。

(3)吸附：悬浮颗粒细小，具有很强的吸附趋势。

(4)分子引力：原子、分子间的引力在颗粒附着时起重要作用。

(三)脱落机理

在反冲洗时，滤层膨胀一定高度，滤料处于流化状态。截留和附着于滤料上的悬浮物受到高速反洗水的冲刷而脱落；滤料颗粒在水流中旋转、碰撞、摩擦，也使悬浮物脱落。

三、影响过滤效率的因素

过滤是悬浮颗粒与滤料的相互作用，悬浮物的分离效率受到这两方面因素的影响。

(一)滤料的影响

(1)粒度：粒度越小，过滤效率越高，但水头损失也增加越快。

(2)形状：角形滤料的表面积比同体积的球形滤料的表面积大，当孔隙率相同时，角形滤料过滤效率高。

(3)孔隙率：较小的孔隙率会产生较高的水头损失和过滤效率，而较大的孔隙率提供较大的纳污空间和较长的过滤时间，但悬浮物容易穿透。

(4)厚度：滤床越厚，滤液越清，反冲洗周期越长。

(5)表面性质：滤料表面的不带电荷或者带有与悬浮颗粒表面电荷相反的电荷有利于悬浮颗粒在其表面上吸附和接触凝聚。

(二)悬浮物的影响

(1)粒度：粒度越大，通过筛滤去除越容易。

(2)形状：角形颗粒因比表面积大，其去除效率比球形颗粒的高。

(3)密度：颗粒密度主要通过沉淀、惯性及布朗运动机理影响过滤效率，影响程度较小。

(4)浓度：过滤效率随原水浓度升高而降低，浓度越高，穿透越容易，水头损失增加越快。

(5)温度：温度影响密度及黏度，降低温度，对过滤不利。

(6)表面性质：悬浮物的絮凝特性、电动电位等主要取决于表面性质。

第二节　过滤技术矿场实践

含聚污水过滤存在技术风险。聚合物使污水黏度增加，与常规污水过滤器相比，聚合物通过性差、极易造成滤层堵塞，要求滤料有很强的耐污染性质，滤料吸附聚合物后不易脱落，需要更好的反冲洗技术。化学驱污水连续循环采出注入，油水乳化和稳定程度高、悬浮物分散相粒径小，影响过滤效果。聚合物造成悬浮物检测误差大，不能准确地反映过滤效果。

一、试验过滤器技术特点

从胜利油田在用的 8 种过滤器中优选出 4 种进行现场试验。分别是体外清洗核桃壳过滤器、核桃壳 + 金刚砂双滤料变强度反冲洗过滤器、双滤料循环自搓洗过滤器、金刚砂过滤器。

(一)过滤器技术参数

滤料粒径基本为0.8～1.2mm，厚度为800～2100mm，与滤罐结构和过滤技术有关。滤速≥6m/h，两种体外清洗：一种气水联合反洗，一种水洗。如表3－1所示。

(二)技术特点

1. 体外清洗核桃壳过滤器

采用深床过滤机理，过滤时含油污水从上到下流过核桃壳滤床，去除油和大颗粒悬浮固体颗粒。核桃壳滤料采用体外循环反洗方式，反洗时通过罐内的冲洗使滤料流化后，经不锈钢专用反洗泵将滤料泵入罐外清洗管内进行反洗，在清洗管内完成滤料和污水的分离后将滤料再泵入罐内继续反洗。用搓洗泵对滤料进行流化搓洗，罐内的大强度冲洗能有效地克服因来水高含油和悬浮物而造成的滤层滤料板结，流化泵对滤料流化后能使滤料上吸附的油和悬浮物彻底脱离至水中进而进入搓洗管内随反洗污水分离出滤床，使滤料彻底再生。其流程示意如图3－3所示。

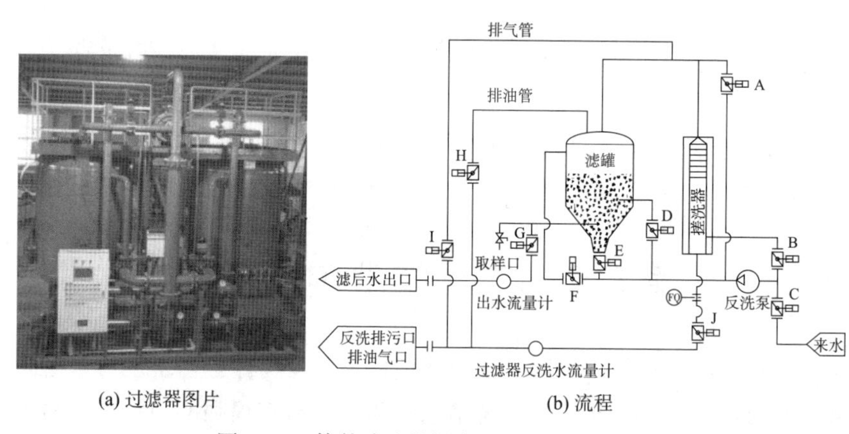

(a) 过滤器图片　　(b) 流程

图3－3　体外清洗核桃壳过滤器流程示意

2. “核桃壳＋金刚砂”双滤料变强度反冲洗过滤器

采用“先除油后除悬浮物”的技术思路，核桃壳除油，初步净化后的污水再经金刚砂除悬浮物，防止金刚砂滤料被原油污染。含油污水含有聚合物后污水黏度增大，滤料层截留污染物的结合更加紧密。因此，在反冲洗开始阶段，必须加强颗粒之间的碰撞摩擦，以利用碰撞机理为主，使污染物和滤料充分脱附。反洗时，气洗水洗强度逐步上升，之后稳定反洗。先以“颗粒碰撞”为主进行污染物脱附，再以“水流剪切”为主清洗去除污染物。其结构示意如图3－4所示。

表 3－1　过滤器试验装置基本参数

序号	过滤器类型	滤料			尺寸/mm	滤速/(m/h)	反冲洗					
		名称	规格/mm	高度/mm			水洗强度/(L/m²·s)	水洗时间/min	气洗强度/(L/m²·s)	气洗时间/min	反洗周期/(h/次)	反冲洗方式
1	体外清洗核桃壳过滤器	核桃壳	0.8～1.2	2100	Φ1600×3300	6	5～10	30～60	/	/	12～24	体外搓洗
2	核桃壳＋金刚砂双滤料变强度反冲洗过滤器	核桃壳	0.8～1.2	600	Φ1600×3800	6	10～15	5～10	18	3～7	24	气水联合反洗
		金刚砂	0.3～0.5	400								
		金刚砂	0.8～1.2	200								
		石英砂垫层	2.0～4.0	200								
3	双滤料循环自搓洗过滤器	核桃壳	0.8～1.2	400	Φ1600×2700	10	14.5	8～15	/	/	24	体外循环搓洗
		金刚砂	0.5～0.8	400								
		鹅卵石	4.0～6.0	300								
4	金刚砂过滤器	金刚砂	0.6～1.2	800	Φ1600×2800	10	10～15	5～15	/	/	12～24	水洗
		石英砂	2.0～4.0	200								
		磁铁矿垫层	4.0～6.0	200								

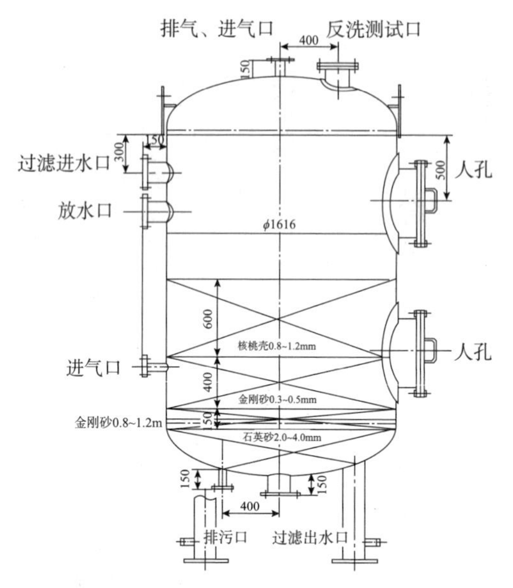

图 3－4 “核桃壳＋金刚砂”双滤料变强度反冲洗过滤器结构示意(单位为 mm)

3. 双滤料循环自搓洗过滤器

设备采用深床过滤，在压力驱动下，利用滤料表面，多孔和大表面积，将污水中悬浮物和细小油粒拦截在滤料层表面、吸附在滤料表面、截留在滤料间的空隙中。反冲洗时，大流量的进水，使得滤层膨胀松动，在水力的作用下，滤料在罐内搅动，滤料间的悬浮物浮于滤料上方被水流带走，经排污管排出系统，蓬松后的滤料由抽吸泵抽出罐外，经搓洗装置清洗后循环回罐内，在电动搓洗装置水力和机械力同时作用下，以高强度的反冲洗解决含聚污水滤料反冲洗难的问题。其过滤器示意如图 3－5 所示。

图 3－5 双滤料循环自搓洗过滤器示意(单位为 mm)

4. 金刚砂过滤器

金刚砂粒径小，悬浮物去除效果好，通过独特的滤料特性截留、沉降和吸附作用，达到净水的目的，悬浮物的去除率高。金刚砂硬度大，在运行和反洗过程中不易出现乱层和被磨损的现象，滤料不易流失。通过优化筛管布水、集水及收油装置，过滤均匀，出水悬浮物含量，含油量及粒径得到有效控制。反冲洗采用常规水洗。其结构如图 3－6 所示。

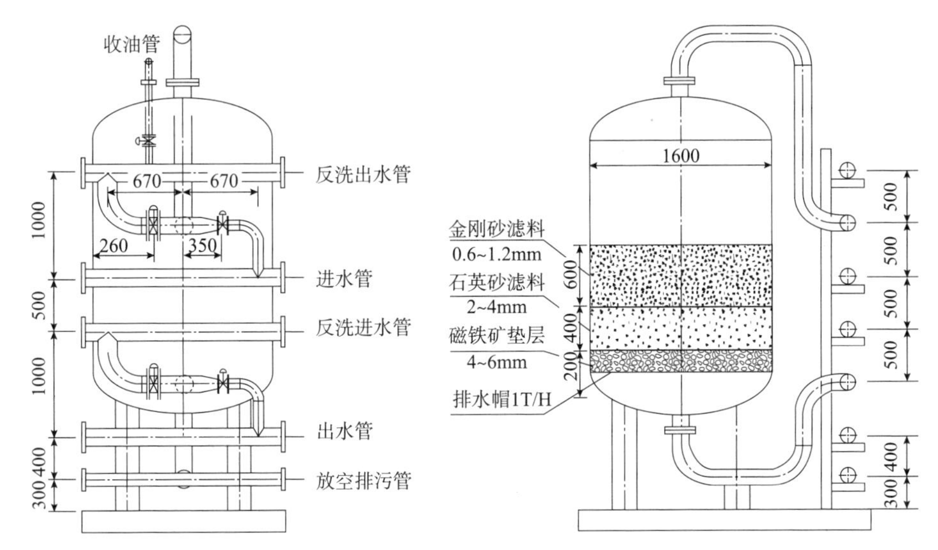

图 3－6　金刚砂过滤器结构

二、过滤器现场试验情况

过滤器进水：水温 40～50℃，含油量、悬浮物、粒径中值以实际检测为准，聚合物≤200mg/L。出水水质：含油≤30mg/L、SS≤10mg/L、粒径≤4μm。

(一)试验准备

1. 规范流程，统一试验平台

污水含油较高，达不到过滤器“双 50”的进水条件，先安装 4 套预处理装置，分别是 1 套两级气浮，2 套 HCF 高梯度气浮、1 套浮选柱。处理后的污水进入汇管，混合后的污水分别进入 4 台过滤器(如图 3－7 所示)，以保证试验条件公平。

2. 明确检测机构，统一检测方法

确定数据检测由油田技术检测中心和设计院 2 个单位共同进行，取平行样，标定流量计、电表、压力表，保证数据公正。

3. 确定评价指标，统一计算方法

提前公开指标评价方法。由于缺少过滤器试验评价依据，讨论确定的过滤器评价公式，依得分高低排序(表 3－2)。计算公式如下：

$$过滤设备得分 = 指标分 + 成本分 + 反冲洗水量分 + 过滤器压差分 + 现场打分 \quad (3-1)$$

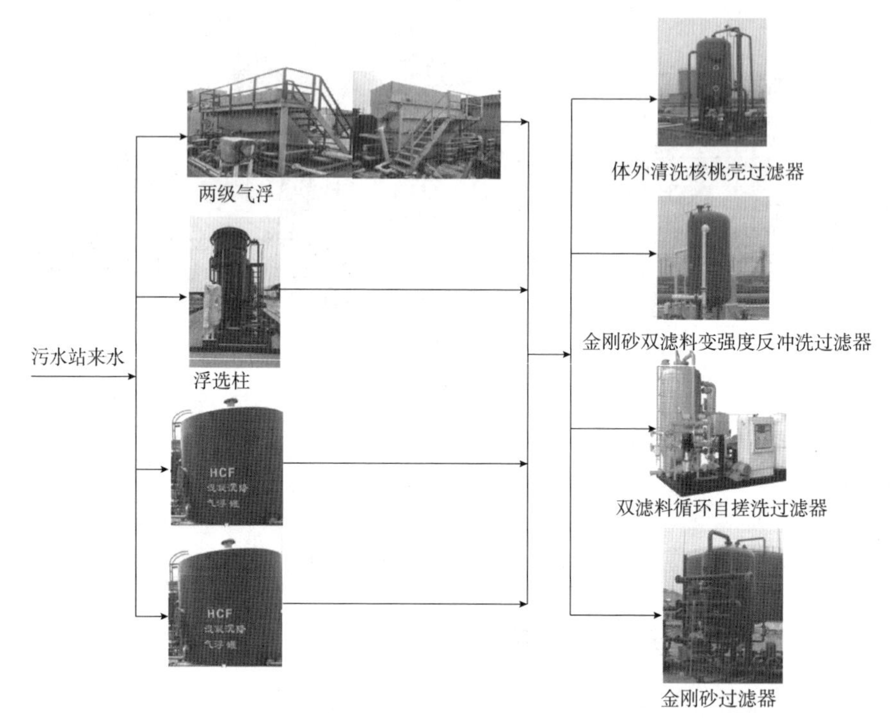

图 3－7　现场试验装置布置

表 3－2　过滤器试验评价指标统计

项目	分值	指标项目	计算方法
指标分	100	含油、悬浮物、粒径中值	三项指标符合率(第一名 100 分，第二名 90 分，第三名 80 分，第四名 70 分)
成本分	25	耗电	成本最低者为第一名 100 ×0.25，第二名 90 ×0.25，第三名 80 ×0.25，第四名 70 ×0.25
反冲洗水量分	25	水量	反冲洗水量最低者为第一名 100 ×0.25，第二名 90 ×0.25，第三名 80 ×0.25，第四名 70 ×0.25
过滤器压差分	25	压差	过滤器压差最低者为第一名 100 ×0.25，第二名 90 ×0.25，第三名 80 ×0.25，第四名 70 ×0.25
现场打分	25	运行平稳及故障处理	根据现场实际情况及试验方服务情况打分，第一名 100 ×0.25，第二名 90 ×0.25，第三名 80 ×0.25，第四名 70 ×0.25
合计	200		

注：指标分根据处理水量的不同实行两种计算方法：当平均处理水量大于 12m^3/h 时，得分为实际计算水质符合率值 ×12；平均处理水量小于 12m^3/h 时，计算方法为水质符合率 × 处理水量 ×0.8。

(二)试验情况

1. 水质指标分析

污水过滤器设计滤速为6m/h，核算水量为$12m^3/h$。核桃壳+金刚砂双滤料变强度反冲洗过滤器处理水量超过$12m^3/h$，其余3种过滤器的略低于$12m^3/h$。如图3-8所示。

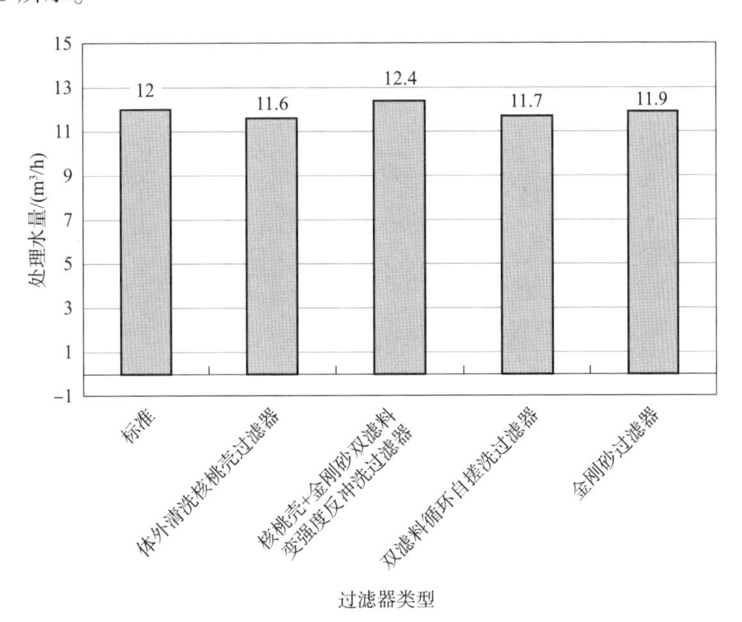

图3-8　过滤器处理水量对比

1)过滤器出口含油指标分析

污水预处理装置处理效果难以达到设计要求的“双50”标准，预处理后的过滤器进水污水含油量平均达到275.7mg/L。通过数据检测分析，四种技术都可以控制含油指标在30mg/L以内，金刚砂过滤器效果最好(12mg/L)，其次是核桃壳+金刚砂双滤料变强度反冲洗过滤器(14.1mg/L)，体外清洗核桃壳过滤器和双滤料循环自搓洗过滤器效果相当，分别为20mg/L、23.5mg/L。如图3-9所示。

从数据稳定性看，金刚砂过滤器最好，其次是核桃壳+金刚砂双滤料变强度反冲洗过滤器，试验中没有超出30mg/L的现象，体外清洗核桃壳过滤器超出标准2次，占10.5%，双滤料循环自搓洗过滤器超出标准6次，占31.6%。如图3-10所示。

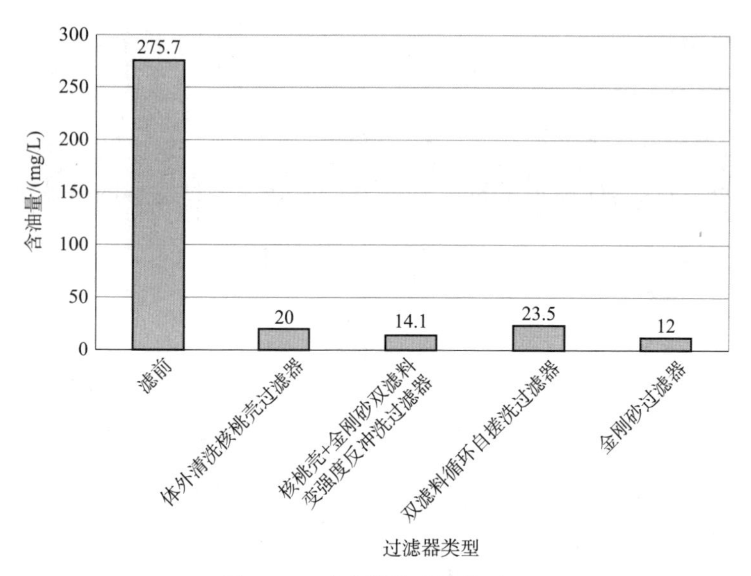

图3－9　过滤器除油效果对比

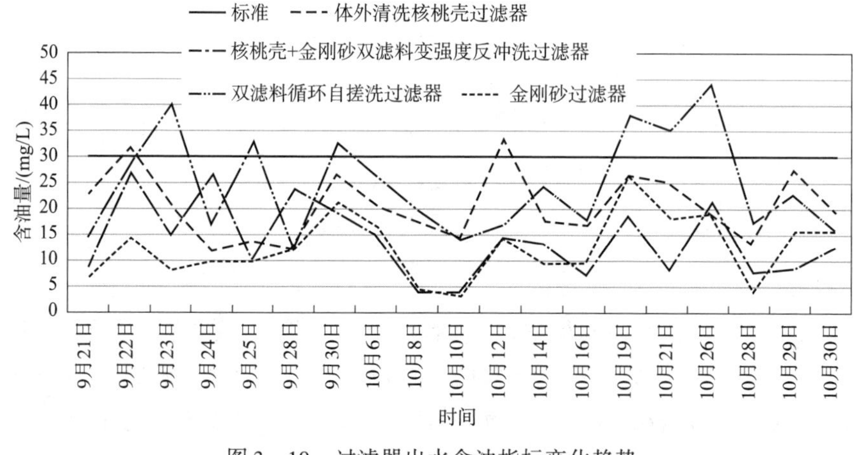

图3－10　过滤器出水含油指标变化趋势

2)过滤器出水悬浮物指标分析

来水悬浮物平均含量为103.3mg/L，为设计进水悬浮物指标的3倍，出水各家的检测数值均未能达到设计指标(10mg/L)以内，其中金刚砂过滤器和金刚砂＋核桃壳变强度反冲洗过滤器的出水悬浮物含量稍低，分别为47mg/L、42.2mg/L，体外清洗核桃壳过滤器和双滤料循环自搓洗过滤器的出水悬浮物含量分别为57.2mg/L、63.4mg/L(图3－11)。经对数据进行分析可知，四种技术的过滤器出水悬浮物含量去除率较低，不能满足设计注水水质(10mg/L)的要求。

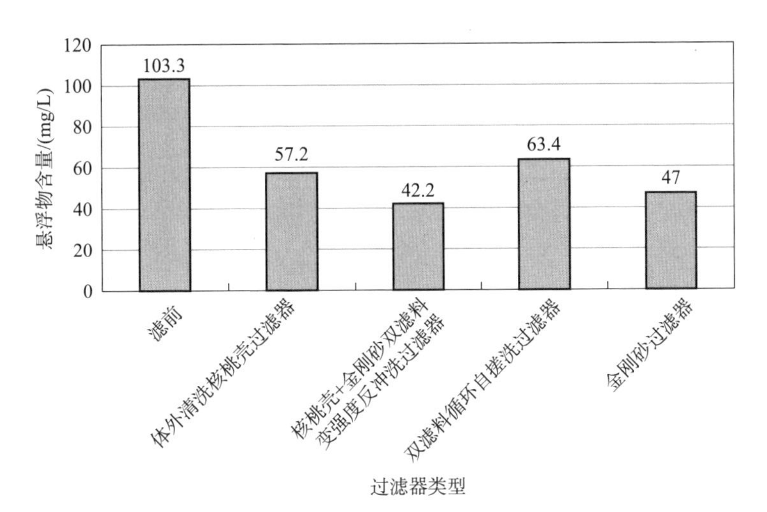

图 3－11　过滤器出水悬浮物指标对比

从数据稳定性看，受来水悬浮物不稳定影响，出水悬浮物都有波动，但总体看，核桃壳＋金刚砂双滤料变强度反冲洗过滤器和金刚砂过滤器稳定性好，体外清洗核桃壳过滤器和双滤料循环自搓洗过滤器稳定性较差。如图 3－12 所示。

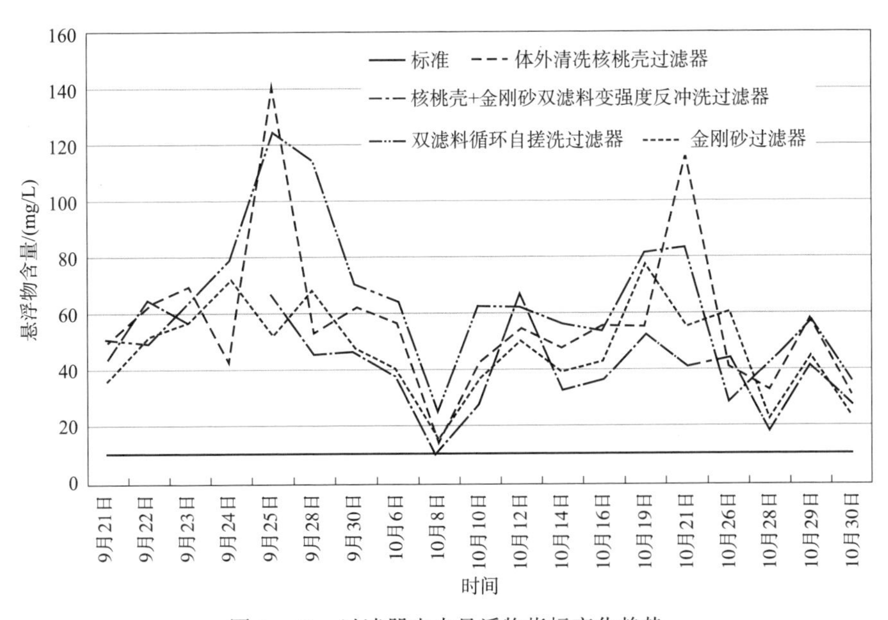

图 3－12　过滤器出水悬浮物指标变化趋势

3）过滤器出水粒径中值指标分析

粒径中值是指一个样品从小到大累计粒度分布体积分数达到 50% 时所对应的粒径。其物理意义是粒径大于或小于粒径中径的颗粒均占 50%。四种技术出水均能达到小于4μm的要求，核桃壳+金刚砂双滤料变强度反冲洗过滤器和金刚砂过滤器粒径中值均为1.2μm，体外清洗核桃壳过滤器和双滤料循环自搓洗过滤器均为1.3μm。如图3-13所示。

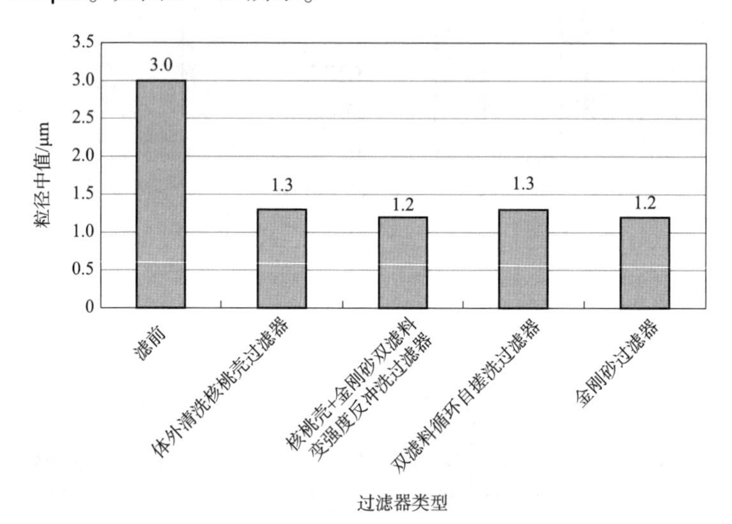

图3-13　过滤器出水粒径中值对比

从数据稳定性看，受来水悬浮物不稳定影响，出水悬浮物粒径中值都有波动，但基本控制在2μm以内，总体看，核桃壳+金刚砂双滤料变强度反冲洗过滤器和金刚砂过滤器稳定性好于体外清洗核桃壳过滤器和双滤料循环自搓洗过滤器。如图3-14所示。

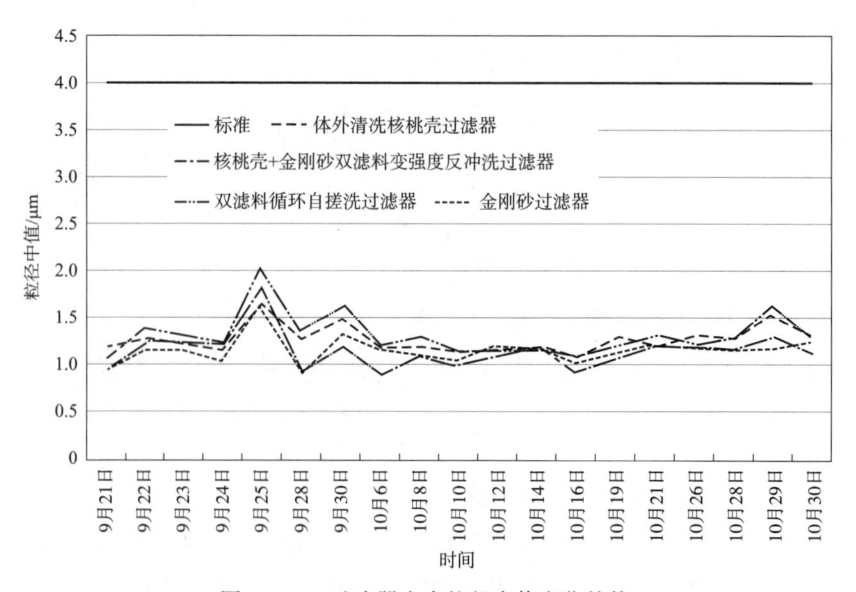

图3-14　过滤器出水粒径中值变化趋势

4)小结

从过滤器出水指标(表3-3)看，四种技术含油和粒径中值均能达标，但悬浮物含量不能达标，远超出10mg/L的要求；核桃壳+金刚砂双滤料变强度反冲洗过滤器与金刚砂过滤器处理效果相当，体外清洗核桃壳过滤器和双滤料循环自搓洗过滤器处理效果相当。核桃壳+金刚砂双滤料变强度反冲洗过滤器和金刚砂过滤器效果整体好于体外清洗核桃壳过滤器和双滤料循环自搓洗过滤器。

表3-3　过滤器进出水指标对比

项目	滤前	核桃壳+金刚砂双滤料变强度反冲洗过滤器	金刚砂过滤器	体外清洗核桃壳过滤器	双滤料循环自搓洗过滤器	出水标准
含油量/(mg/L)	275.7	20	14.1	23.5	12	≤30
悬浮物含量/(mg/L)	103.3	57.2	42.2	63.4	47	≤10
粒径中值/μm	3.0	1.3	1.2	1.3	1.2	≤4
处理水量/(m^3/h)		12.4	11.9	11.6	11.7	≥12

2. 成本分析

双滤料循环自搓洗过滤器采用变频控制，耗电最低，其他3种技术每天耗电在6~12kW·h。

3. 反冲洗水量

反冲洗用水量最少的是核桃壳+金刚砂双滤料变强度反冲洗过滤器，其次为金刚砂过滤器，再次是双滤料循环自搓洗过滤器，用水最多的是体外清洗核桃壳过滤器。体外清洗核桃壳过滤器反冲洗水量占到处理水量的近20%，工程应用后近8000m^3/d的循环水量，将大幅增加污水站处理负荷。如表3-4所示。

表3-4　过滤器反冲洗水量统计

项目	体外清洗核桃壳过滤器	核桃壳+金刚砂双滤料变强度反冲洗过滤器	双滤料循环自搓洗过滤器	金刚砂过滤器
处理水量/(m^3/d)	278.4	297.6	280.8	285.6
反冲洗水量/(m^3/d)	50.3	12.4	16.3	16.1
占比/%	18.1	4.2	5.8	5.6

4. 过滤器进出口压差

通过过滤器进出口压差来评价设备堵塞程度，从50d压力统计看，4种技术没有堵塞情况，但进出口压差也有不同，双滤料循环自搓洗过滤器和金刚砂过滤器压降较低，分别为0.007MPa、0.008MPa，核桃壳＋金刚砂双滤料变强度反冲洗过滤器和体外清洗核桃壳过滤器压降稍高，分别为0.014MPa、0.022MPa（图3－15）。这一结果与床层厚度及反冲洗情况有关。

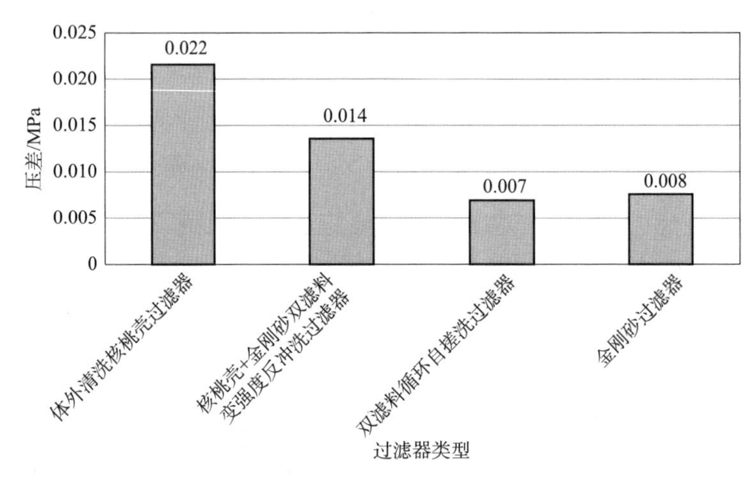

图3－15　过滤器进出口压差对比

5. 现场运行状况

试验期间，过滤器及自控系统运行正常，双滤料循环自搓洗过滤器和体外清洗核桃壳过滤器有轻微跑料现象。

三、滤料污染分析

过滤试验结束后，将滤罐内滤料全部清出罐外，从各过滤器滤料的取样分析看，金刚砂过滤器和核桃壳＋金刚砂双滤料变强度反冲洗过滤器采用常规反冲洗，滤料粒径较另外两种过滤器滤料粒径小，有轻微板结现象，出水悬浮物含量虽未达标但较好；双滤料循环自搓洗过滤器和体外清洗核桃壳过滤器采用滤料体外搓洗，滤料的粒径比金刚砂的大，滤料表观相对松散，无板结现象，但其出水较差。由于来水粒径中值非常微小，已经达到设计出水的水质指标，但悬浮物粒径偏小对于普通的床层滤料过滤器而言，加大了悬浮物的去除难度，导致出水悬浮物含量偏高。其外观如图3－16所示。

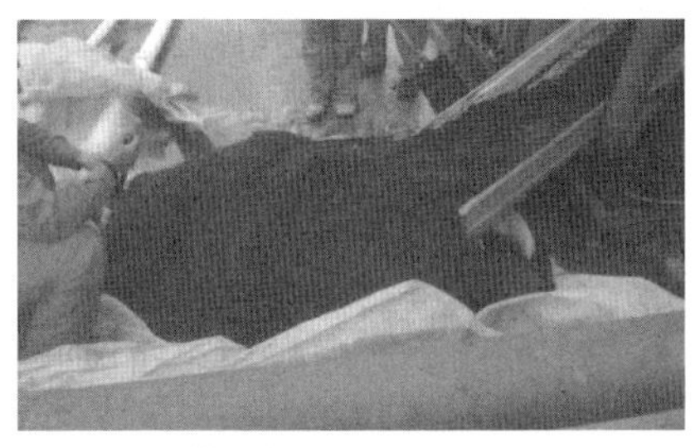

体外清洗核桃壳过滤器

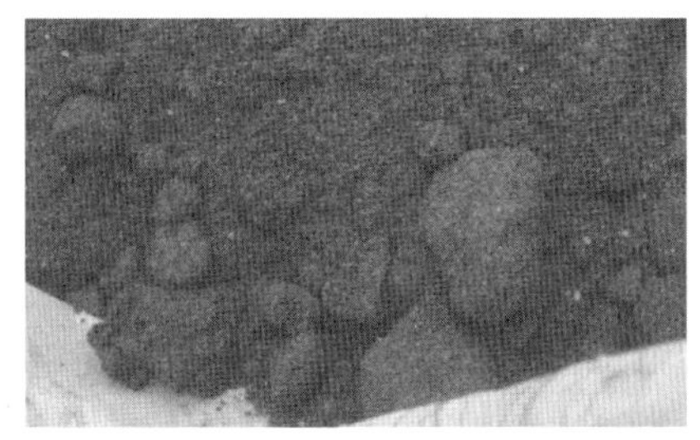

核桃壳+金刚砂双滤料变强度反冲洗过滤器

双滤料循环自搓洗过滤器

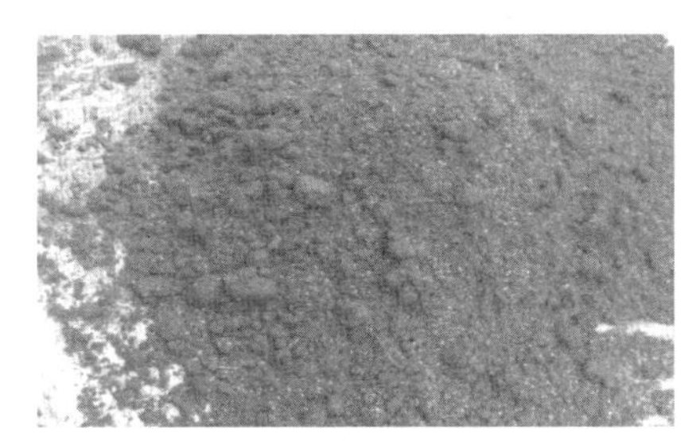

金刚砂过滤器

图 3－16　滤料外观

四、小结

(一) 总体来看，四种技术各有优缺点

金刚砂过滤器和核桃壳＋金刚砂双滤料变强度反冲洗过滤器滤料粒径小、强度大、过滤效果好，但反冲洗强度不足，由于滤料密度大，无法实现体外清洗，反洗效果稍差，在含聚污水处理上滤料使用周期较短；体外清洗核桃壳过滤器和双滤料循环自搓洗过滤器采用密度较小的核桃壳作为滤料，粒径大，过滤效果不及金刚砂，但体外清洗可以延长含聚污水处理滤料使用周期。体外清洗核桃壳过滤器反冲洗水量过大，加重污水站处理负荷。下一步应研究金刚砂过滤器滤料清洗技术，提高使用寿命，优选核桃壳及加工工艺，增加强度，减小粒径，进一步提高处理效果。

(二) 研究小颗粒悬浮物去除技术

1. 悬浮物不达标原因分析

统计四种技术滤后水不同粒径体积比数据，2.429μm 以下的颗粒占比在 79.4%～96.72%，其中核桃壳＋金刚砂双滤料变强度反冲洗过滤器和金刚砂过滤器占比达 90% 以上，大颗粒悬浮物基本被去除。具体如表 3－5 所示。

表 3－5 四种过滤技术不同粒径悬浮物体积比例统计

粒径/μm	来水/%	核桃壳＋金刚砂双滤料变强度反冲洗过滤器/%	金刚砂过滤器/%	双滤料循环自搓洗过滤器/%	体外清洗核桃壳过滤器/%
0. 115～0. 211	0	0. 13	0	0	2
0. 211～0. 389	0. 75	5. 22	4. 03	1. 26	11. 24
0. 389～0. 500	2. 87	3. 81	7. 43	4. 3	5. 6
0. 500～0. 717	7. 42	7. 6	17. 03	12. 5	9. 38
0. 717～1. 32	17. 34	39. 02	36. 89	34. 07	24. 37
1. 32～2. 429	16. 05	40. 94	25. 56	31. 25	26. 81
小计	44. 43	96. 72	90. 94	83. 38	79. 4
2. 429～4. 472	11. 82	3. 28	8. 57	13. 35	14. 15
4. 472～8. 233	10. 31	0	0. 5	3. 24	6. 37
8. 233～15. 157	8. 8	0	0	0. 02	0. 08
15. 157～27. 904	6. 53	0	0	0	0
27. 904～51. 371	6. 55	0	0	0	0
51. 371～94. 574	6. 86	0	0	0	0
94. 574～174. 11	4. 02	0	0	0	0
174. 11～320. 535	0. 65	0	0	0	0
320. 535～590. 102	0. 01	0	0	0	0
中值	3. 175	1. 242	1. 024	1. 274	1. 25
悬浮物含量/（mg/L）	125	56. 5	56. 05	64. 2	69. 8

悬浮物去除效果最好的核桃壳＋金刚砂双滤料变强度反冲洗过滤器，但滤后水中悬浮物含量仍有 56. 5mg/L，悬浮物去除率仅为 54. 8%。砂床过滤器对粒径小于 4μm 的悬浮物去除效果不好。如图 3－17 所示。

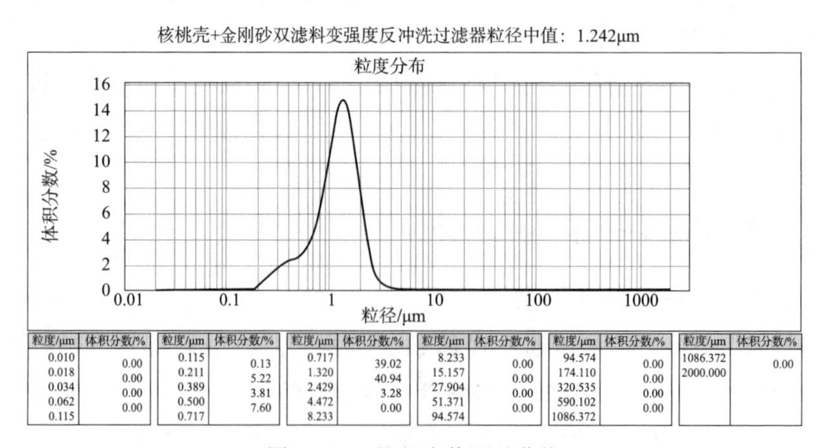

图 3－17 粒径中值测试曲线

2. 悬浮物去除思路

滤后污水呈稳定胶体状态，黄褐色。滤前水中投加 1200mg/L 聚合铝与污水中原有的聚合物形成絮体，水质澄清，经过过滤器后悬浮物去除效果会有大幅提升(图 3－18)，但在工程中会产生大量污泥。需要研究药剂用量与悬浮物去除的关系，进行药剂反应时间、过滤器适用性、污泥减量的相关研究。

滤前加600mg/L　滤前加1200mg/L　滤后加500mg/L　滤后加1000mg/L

图 3－18　聚合铝沉降效果

(三)继续开展过滤技术调研和试验

东二污现有外输水质远高于过滤器进水“双 50”的要求，加大了过滤难度，计划在东二污前段处理工艺改造投产后，水质达到“双 50”的过滤器进水水质要求，再进行过滤技术试验，进一步优化技术，满足油藏水质要求。

第四章　化学驱油田采出水化学处理技术

第一节　三防药剂的种类

一、杀菌剂

(一) 油田水中主要微生物及其危害

在油田水系统中，主要是回注污水的注水系统中含大量的微生物。由于微生物的存在，给油田生产带来了极大的危害，细菌的种类繁多，按其呼吸类型大致可分为以下三类：①好气性细菌，有氧气的条件下才能生长；②厌氧性细菌，在缺氧环境中生长最好；③兼性细菌，不管有氧与否都能生长。

其中危害最为严重的是硫酸盐还原菌(Sulfate - Reducing Bacteria，SRB)，其产物硫化氢对金属的腐蚀特别严重，生成物硫化铁又是造成管线堵塞的物质。其次是能产生黏液的腐生菌以及铁细菌，这些细菌在繁殖、生长、代谢过程中，不但能引起设备的严重腐蚀，还能使水中固体悬浮物量增多、堵塞设备、损害底层、影响产能。

1. 硫酸盐还原菌

SRB 是一种在厌氧条件下使硫酸盐还原成硫化物的细菌，当有垢或淤泥使细菌藏在下面时，即使在含氧系统中也能繁殖。SRB 是一种以有机物为营养物质的厌氧型细菌，广泛存在于土壤、海水、河水、地下管道、油气井等处，与油田矿藏有关。

SRB 可将水中的硫酸盐还原为硫化氢，使局部区域的 pH 值下降到 4 以下，使低碳钢、低合金钢、镍合金、奥氏体不锈钢、铜合金钢产生严重的点蚀，并形成黑色的铁硫化合物。在油田开发的中后期，采出的油中含很大比例的水，且水中往往有较多的 SRB，SRB 的繁殖会使水发黑，引起很严重的点蚀，点蚀深度有时可达 10mm。另外，对水泥的腐蚀也相当严重，并会引起玻璃钢设备表面疏松和孔蚀。不仅会造成管线腐蚀穿孔，而且还会促进其他细菌的生长繁殖，产生大

量的生物黏泥，引起地层和管道的堵塞，给工业生产带来严重损失。微生物的生命活动产生的硫化物和硫化氢不仅恶化了环境，同时也危及人类的健康。微生物腐蚀在金属和建筑材料的腐蚀破坏中占20%左右。美国每年因微生物腐蚀直接造成的损失达400亿~600亿美元，其生产油井中发生的腐蚀77%以上是由SRB造成的；英国有95%的地下腐蚀是由SRB引起的。我国油田也存在由SRB引起的腐蚀问题，例如，中原油田每年用于SRB杀菌剂方面的费用高达6000万元。SRB能吸附于基体表面，造成局部厌氧环境，即使在有氧的条件下也能腐蚀设备，给工业生产带来严重的影响，使得人们越来越重视研究它的防治方法。

1)硫酸盐还原菌腐蚀原理

微生物参与金属腐蚀主要为以下三种方式。

①由于微生物的生长和新陈代谢作用产生一些能腐蚀金属的代谢产物，如酸、硫化物以及其他有害离子，使本无害的环境具有了腐蚀性。

②微生物的活动直接影响电极反应动力学过程，从而诱导或加速潜在的电极反应，这种情况主要是在缺氧条件下SRB的作用。

③由于微生物的活动在金属—电解质界面上引起状态的变化，从而导致腐蚀的发生。例如，形成了氧的浓差电池。

目前关于SRB的腐蚀机理说法不一，主要有以下三种：阴极去极化理论、局部电池作用机理、代谢产物腐蚀机理、阳极区固定理论。

(1)阴极去极化理论。

在无氧的中性环境中，在厌氧条件下由于缺乏氧这一阴极去极化剂，在中性环境及没有其他阴极去极化剂的条件下，金属腐蚀就倾向于停止。腐蚀是很微弱的，但是由于硫酸盐还原菌的存在，起到阴极去极化的作用，使腐蚀继续进行，过程如下：

阳极反应　$$4Fe \longrightarrow 4Fe^{2+} + 8e \quad (4-1)$$

水的电离　$$8H_2O \longrightarrow 8H^+ + 8OH^- \quad (4-2)$$

阴极反应　$$8H^+ + 8e \longrightarrow 8H \quad (4-3)$$

阴极去极化　$$SO_4^{2-} + 8H \longrightarrow S^{2-} + 4H_2O \quad (4-4)$$

腐蚀产物　$$Fe^{2+} + S^{2-} \longrightarrow FeS\downarrow \quad (4-5)$$

$$3Fe^{2+} + 6OH^- \longrightarrow 3Fe(OH)_2 \quad (4-6)$$

总反应　$$4Fe + SO_4^{2-} + 4H_2O \longrightarrow FeS\downarrow + 3Fe(OH)_2 + 2OH^- \quad (4-7)$$

其实质是SRB从Fe表面(阴极)除去原子氢后，有利于铁转变为二价铁离子，转入溶液中，然后二价铁离子分别与二价硫离子和氢氧根离子反应生成二次腐蚀产物 FeS 和 $Fe(OH)_2$，二次腐蚀产物可在铁表面形成松软的腐蚀瘤，致使其内外形成浓差电池，从而加速腐蚀。

Booth 和 King L 等测定了低碳钢在 SRB 存在介质中的阴极特征，测定结果支持阴极去极化理论，证实了细菌细胞中的氢化酶，腐蚀过程中产生的硫化亚铁和硫化氢都可以促进去极化作用，导致了金属的腐蚀。Booth 和 Tiller 等研究表明，这种电化学腐蚀机理适用于产生氢化酶的 SRB。氢化酶是催化氢氧化的一种有机物质，起到阴极去极化作用，促进金属的腐蚀。可还原物质存在时，阴极去极化率是细菌的氢化酶活性的函数，而可还原物质不存在时，阴极去极化率只与电极电位有关；而阳极去极化作用就同有无氢化酶无关。

(2)局部电池作用机理。

Starkey 认为，当部分金属表面有污垢或腐蚀产物如铁的水化物覆盖时，会形成浓差电池。在很多情况下，这种类型的腐蚀伴随着厌氧腐蚀，因为此类条件下，形成了适合 SRB 生存的环境，由于厌氧微生物的存在而在金属附近形成低氧区，从而加速原先已存在的腐蚀。1964 年 Goldmen 提出了金属腐蚀是由 FeS 在金属表面分布不均匀而形成氧的浓差电池引起的。吕人豪也提出循环冷却水中，金属的腐蚀过程与形成氧的浓差电池有关。腐蚀过程开始是铁细菌或一些黏液形成菌在管壁上附着生长，形成较大菌落结瘤，或不均匀黏液层，促使产生了氧的浓差电池。后来生物污垢扩大，形成 SRB 繁殖的厌氧条件，加剧了氧浓差电池腐蚀，同时 SRB 的去极化作用及硫化物产物腐蚀，使腐蚀进一步恶化，直至局部穿孔。

(3)代谢产物腐蚀机理。

自 20 世纪 60 年代以来，许多研究成果倾向于认为代谢产物中的硫和硫铁化合物对腐蚀起更重要的作用。Iverson 等在实验中发现阴极去极化理论不能完全解释严重的厌氧腐蚀，并提出，SRB 的厌氧腐蚀是代谢产物磷化物作用的结果，认为在厌氧条件下，SRB 可产生具有较高活性及挥发性的磷化物，与基体铁反应生成磷化铁。当然，由于 SRB 产生的硫化氢与无机磷化物、磷酸盐、亚磷酸盐、次磷酸盐发生作用也可以产生磷化物，这些作用加速了基体铁的腐蚀。

Norvah 发现硫化物的存在促进了腐蚀。King 等发现培养基中的 Fe^{2+} 对低碳钢厌氧腐蚀有影响，腐蚀产物 FeS 膜具有一定的保护性。1977 年，佐佐木英次等研究了 SRB 产生的硫化氢与碳钢腐蚀之间的关系，表明腐蚀速率随 H_2S 浓度的改变而改变，开始硫化氢浓度升高、电位下降，腐蚀随之增加。但硫化氢浓度达到一定量时，形成硫化物保护膜后电位便升高，腐蚀受到抑制。

近年来，关于硫酸盐还原菌的腐蚀机理研究有了新的进展。在中性或近中性

厌氧环境中，硫化氢主要以 HS^- 形态，在铁的表面形成一层膜，在不同程度上防止腐蚀。然而在低 pH 值时促进腐蚀，引起氢脆及奥氏体不锈钢发生晶间腐蚀。有氧存在时，硫化氢可经微生物的氧化成为硫和硫的各种具有强腐蚀性的含氧酸。

(4)阳极区固定理论。

在金属表面形成闭塞电池的过程中，细菌的菌落下最初形成的蚀坑主要是由细菌的生命活动引起的，大部分的微生物固定在菌落周围，这使得阳极区固定。此种理论可解释90%以上的 MIC(微生物影响下的腐蚀)以孔蚀为特征，以上研究均表明 SRB 的腐蚀产物会促进金属腐蚀。

2)硫酸盐还原菌的腐蚀特征

(1)点蚀区充满黑色腐蚀产物，即硫化亚铁，用盐酸处理时放出硫化氢气体。

(2)产生深的点蚀，形成结疤和在疏松的腐蚀产物下出现金属光泽。

(3)点蚀区表面由许多同心圆所构成，其横断面为锥形。

如果腐蚀部分暴露在大气中的时间不长，可以从管子表面形成的易碎黑色铁瘤下面的腐蚀坑中刮出黏性黑渣进行硫酸盐还原菌的培养，以证实该菌的存在。除此之外，还可以从以下几个方面判断硫酸盐还原菌在油田水系统中的存在情况：①注入水逐渐变为酸性，或系统中的可溶性硫化物含量增加；②在较严重的情况下注水可能变成黑水；③酸化处理频繁但注入量仍下降；④暴露在系统中的金属迅速损坏，如注水井和水管线死角处、罐底、游离水分离器以及任何停滞或水流不急的区域。

2. 铁细菌

铁细菌在自然界也是分布很广的一种微生物，其种类很多。铁细菌具有以下生理特征：①能在氧化亚铁生成高铁化合物中起催化作用；②可以利用铁氧化过程中释放出的能量满足其生命的需要；③能大量分泌氢氧化铁成基定性结构。反应方程式为：

$$2Fe^{2+}+(x+2)H_2O+\frac{1}{2}O_2 \longrightarrow Fe_2O_3 \cdot xH_2O+4H^+ + \text{能量} \qquad (4-8)$$

铁细菌是一种好气异样菌，兼有异样和严格的自养的，在含氧量小于0.5mg/L 的系统中也能生长。能够分泌出大量的黏性物质，从而造成注水井和过滤器的堵塞，并能形成浓差腐蚀电池，同时可以给硫酸盐还原菌的繁殖提供局部的厌氧区。

铁细菌是在与水接触的结瘤腐蚀中最常见的一种菌。一方面具有附着在金属表面的能力；另一方面具有氧化水中亚铁离子或金属表面微电池溶解出来的亚铁离子成为氢氧化高铁的能力，使高铁化合物在铁细菌胶质鞘中沉积下来。这样就形成了由菌体和氢氧化高铁等组成的结瘤，使水流中的溶解氧很难扩散到瘤底部的金属表面，另外菌的呼吸也消耗了氧，使这个区域成为贫氧区，而结瘤周围氧浓度较高，形成氧浓差电池。瘤下部的缺氧区为腐蚀电池的阳极区，瘤周围为阴极区。管壁阳极区溶解出亚铁离子向外扩散，能到表面的可以被铁细菌氧化，未能到表面则成为氢氧化亚铁。这样结瘤可以逐步扩大，阳极区腐蚀随之加深。由于瘤底部缺氧，同时也伴随硫酸盐还原菌的腐蚀，腐蚀加剧。

3. 腐生菌

腐生菌作为单独的一种微生物进行描述是很困难的。该菌是好气异氧菌的一种，常见的有气杆菌、黄杆菌、巨大芽孢杆菌、荧光假单胞菌和枯草芽孢杆菌等，也是一个混合菌体。

腐生菌靠食用有机物为生，含油污水中的油珠是其最好的养料。腐生菌能在固体表面产生致密的黏液，所以也叫黏液形成菌。产生的黏液与铁细菌、藻类、原生动物等一起附着在管线和设备上，形成生物垢，引起堵塞，同时也为厌氧的硫酸盐还原菌提供生长繁殖的条件。大量存在时还可能形成氧的浓差电池。

总之，污水中细菌的存在会产生严重的腐蚀和堵塞，各种菌的腐蚀作用不是孤立进行的。以上三种菌虽然习性各异，但对金属的腐蚀来说，彼此之间具有协同作用。

目前，油田范围内主要针对的细菌为硫酸盐还原菌，后续的实验也主要围绕硫酸盐还原菌展开。

(二)杀菌剂分类

用于防治细菌的化学药剂按其功能可分为杀菌剂、抑菌剂、灭生剂和抑生剂。用于杀死细菌的药剂叫杀菌剂；能防止或抑制细胞生长的药剂叫抑菌剂；能杀死包括细菌在内的一切生命的药剂叫灭生剂；能防止或抑制包括细菌在内的一切生命活动的药剂叫抑生剂。杀菌剂的分类情况如下。

1. 杀菌剂按其化学成分分类

1)无机杀菌剂

如氯、二氧化氯、次氯酸钠、铬酸盐、硫酸铜、汞和银的化合物等都是无机杀菌剂。其中，氯是循环冷却水系统中使用最广泛的无机杀菌剂。

2)有机杀菌剂

如氯酚类、氯胺、甲醛、戊二醛、大蒜素、季铵盐类等都是常用的有机杀菌

剂。其中，季铵盐是一种阳离子表面活性剂。

2. 杀菌剂按其杀菌机理分类

1）氧化型杀菌剂

氧化型杀菌剂在水中能分解出新生态氧，通过强烈的氧化作用破坏细胞的原生质结构或氧化细胞结构中的一些活性基团而产生杀菌作用。

（1）氯气。

在水处理中，由于氯具有高效、快速广谱、经济、物源广、使用较方便等优点，受到人们的青睐，是目前用量最大的杀菌剂。但经氯气处理，水中易产生三氯甲烷，是一种致癌物质，同时其半衰期时间长，易对环境造成危害，因此各国相继出台法规，严格控制余氯的排放量。另外，随着水处理配方逐渐向碱性水处理方案过渡，氯气在高 pH 值（>8.5）的条件下杀生活性差的缺点也显现出来，驱使人们开发出一些氯的替代物，如 ClO_2、溴类杀生剂、臭氧等。

（2）二氧化氯。

二氧化氯的杀生能力较氯强，约为氯的 2.5 倍，特别适合应用于合成氨厂替代氯进行杀菌灭藻处理。国外于 20 世纪 70 年代中期开始将其应用于循环冷却水。但由于二氧化氯产品不稳定，运输时容易发生爆炸事故，限制了其广泛的应用。

针对这种情况采取现场 ClO_2 发生装置、开发稳定性 ClO_2 等措施，克服了这一难题。目前国内采用的现场 ClO_2 发生装置主要有电解 ClO_2 发生装置和化学法 ClO_2 发生装置两类。20 世纪 70 年代美国百合兴国际化学有限公司开发出稳定性二氧化氯（BC—98）。我国也于 80 年代后期开发出了这一产品。

（3）臭氧。

20 世纪 80 年代末期，臭氧作为一种杀菌剂应用于冷却水系统而受到广泛关注。由于臭氧所具有的一些优越性是传统的化学药剂所无法比拟的，目前，国外已将臭氧广泛应用于冷却水处理中。使用结果表明，采用臭氧处理的系统可在高浓缩倍数下，甚至在零排污下运行。处理成本低于传统化学处理方法。在这方面我国尚处于起步阶段。

（4）过氧化物。

近年来，过氧化氢作为工业水处理的杀菌剂引起人们的注意。使用过氧化氢的一个优点是不会形成有害的分解产物，但存在在低温和低浓度下活性较低且可被过氧化氢酶和过氧化物酶分解的缺点。过氧醋酸克服了过氧化氢的缺点，但仅用于美国的食品工业。最近，FMC 公司收到美国国家环境保护局（EPA）的注册证，其组成为5%的过氧醋酸配方产品，可用作工业水处理杀生剂。由于其具有快速、广谱、高效的杀菌性，分解产物无毒、对环境友好等特点，展示了良好的应用前景。Jeffreg F等试验表明，过氧醋酸与冷却水中一些常用的阻垢缓蚀剂，具有很好的相容性，过氧醋酸的性能优于戊二醛和异噻唑啉酮的。

(5)溴类杀菌剂。

目前在杀菌剂市场出现以溴代氯的趋势。出现这一现象并不是偶然的。实验室的评估结果表明，溴在pH值8.0以上时较氯有更高的杀生活性；在一些存在工艺污染如有机物或氨污染的系统中，溴的杀生活性高于氯的；游离溴和溴化合物衰变速率快、对环境的污染小。目前，人们常用的溴类杀菌剂主要有以下几种。

①卤化海因：主要有溴氯二甲基海因(BCDMm)、二溴二甲基海因(DBDMH)、溴氯甲乙基海因(BCMEH)等。有报道表明，BCMEH效果最佳，1磅(0.45kg)BCMEH相当于7磅(3.18kg)Cl_2。

②活性溴化物：为由NaBr，经氯源(HOCl)活化而制得的液体或固体产物。特点是可大幅度降低氯的用量，并相应降低总余氯量。

③氯化溴：是一种高度活泼的液体，需由加料系统加入水中，因其危险性较大，限制了其推广应用。

2)非氧化型杀菌剂

非氧化型杀菌剂又分为吸附型杀菌剂和渗透型杀菌剂两类。

(1)吸附型杀菌剂。

如季铵盐、二硫氰基甲烷和大蒜素等。这类杀菌剂通常吸附在细胞表面，在细胞表面形成高浓度的离子团，直接影响细胞膜的正常功能。细胞膜是可透性的，调节细胞内外离子的出入，是呼吸、能量转换、营养物运送、膜和细胞壁成分合成的场所。膜被杀菌剂吸附后改变了电导性、表面张力、溶解性，并可形成络合物，使蛋白质变性，抑制或刺激酶的活性，损害控制细胞渗透性的原生质膜，从而使细菌致死。

(2)渗透型杀菌剂。

这类杀菌剂有较强的渗透作用，能透过细胞壁进入细胞中，破坏菌体内的生物合成，从而起到杀菌作用。在这类杀菌剂中，氯酚类化合物杀菌效果好，但毒性大，对人的皮肤和黏膜有刺激性，生物降解性也较差，使用受到限制。二硫氰基甲烷是近年来使用较多的广谱性杀菌剂，杀菌效果好、用量低，尤其是对SRB的杀菌效果最好，与氯化十二烷基苄基铵复配使用效果更佳，但其生物降解性不好，排放受到限制。

几种非氧化型杀菌剂：

①异噻唑啉酮。是一类衍生物的通称，Rohmand Hass 公司对其进行了广泛的研究，申请了一些专利。常用组分为 2 - 甲基 - 4 - 异噻唑啉 - 3 - 酮和 5 - 氯 - 2 - 甲基 - 4 - 异噻唑啉 - 3 - 酮，商品异噻唑啉酮是两者 1∶3 的混合物。其杀菌性能具有广谱性，同时对黏泥也有杀灭作用。在低浓度下有效，一般有效浓度在 0.5mg/L，就能很好地控制细菌的生长。混溶性好，能与氯、缓蚀剂、阻垢分散剂和大多数阴离子、阳离子和非离子表面活性剂等相容。对环境无害，该药剂在水溶液中降解速度快。

对 pH 值适用范围广，一般 pH 值在 5.5 ~ 9.5 均适用。同时具有投药间隔时间长、不起泡等优点。20 世纪 80 年代中后期我国也有多家单位研制出类似国外的同类产品，并投入生产。在循环冷却水中的应用日益广泛。

②戊二醛。国内已开始使用，其特点是几乎无毒，使用 pH 值范围宽、耐较高温度，是杀硫酸盐还原菌的特效药剂，本身可以生物降解，其缺点是与氨、胺类化合物发生反应而失去活性，因此在漏氨严重的化肥厂不宜使用。戊二醛价格昂贵使其应用受阻。目前，正在开展复配降低其用量的研究。Lawrence A Grab 等研究表明，戊二醛和季铵盐复配可大幅度降低戊二醛的用量。

③季铵盐。除具有广谱、高效的杀菌性能外。还有对菌藻污泥的剥离作用。早期的季铵盐以烷基二甲基苄基氯化铵为代表。目前国内冷却水系统广泛使用的洁尔灭和新洁尔灭均属于此类产品。随着时间的推移和技术的进步。该类季铵盐的不足之处也逐步显现出来，主要表现在药剂持续时间短、细菌易于对其产生抗药性、使用剂量大(100mg/L 以上)、费用高、使用时泡沫多，且不易清除等方面。为了克服上述缺点，国外先后又开发出了一些有代表性的季铵盐品种，如双烷基季铵盐、双季铵盐、聚季铵盐等。双烷基季铵盐以双烷基二甲基氯化铵为代表，其中双烷基链长为 C8 ~ C12 的产品，具有优良的抗菌性，该产品具有投药浓度低、药效持续时间长、灭菌效果好、泡沫少、合成工艺简单、成本低等优点。另外据报道，双烷基季铵盐与烷基二甲基苄基氯化铵复配可大幅度提高它们的杀菌性能。这类产品在国内已有初步的生产和应用。Di Z 等于 1994 年报道的化合物，带有双季铵盐的结构，具有高效、广谱的抗菌性。水溶性的聚季铵盐用作杀菌剂在水处理、油田开采、食品及包装材料等领域已经有所应用。近年来的资料表明，针对聚季铵盐的研究已由早期的制作水溶性聚合物转向制作不溶性聚合物，以改善杀菌剂的性能，降低对环境、人畜的毒害。一般通过将季铵盐聚合，或将其固定在高分子载体上制成不溶性聚合物杀菌剂。如文献报道的以聚苯乙烯或交联聚苯乙烯的氯甲基化物等为载体进行季铵化，所得到的聚季铵盐不溶

性聚合物，当初始菌悬液细菌数约为 5×10^8个/L 的水，以 10～12mL/min 的流速流经聚合物树脂床时细菌存活率为 0～1%。该树脂失活后，可再生使用，具有长效性。可以预计这类聚合物在冷却水处理领域具有广阔的应用前景。

④季磷盐。1990 年 Gramham 指出，杀菌剂研究的最新进展之一是季磷盐的出现。这类化合物与季铵盐有着相似的结构，只是用磷阳离子代替氮阳离子。例如，THPS(四羟甲基硫酸磷)、THPC(四羟甲基氯化磷)。THPS 用作杀生剂，迄今虽对其各种性能参数的认识并不全面，但用于工业水处理及油田水处理确实具有高效、快速、广谱，对环境、鱼类具有低毒，易生物降解和使用方便等优点。研究表明，用于工业水处理，使用 50μg/g THPS，在 6h 内能将 2.5×10^5SRB/mL 杀灭到 2.7×10^3SRB/mL。早期的季磷盐主要带有三苯基膦的结构，已初步显示出好的抗菌性。如 1987 年 Pernak 等报道的 $Ph_3P+CH_2ORCl^-$，其中 Ph 为苯基，当式中 R 为碳数 11 的烷基链时，则有最佳的抗菌活性。Akihiko 等认为带有单、双长烷基链的季磷盐具有更佳的抗菌活性。国内在 20 世纪 90 年代初开始由石化企业引进使用该类产品。1992 年，中国石化石油化工科学研究院开发出了类似于国外 B～350(十四烷基三丁基氯化磷)的季磷盐产品，并已在循环冷却水系统中推广使用。

目前市场上常见的非氧化型杀菌剂还有氯酚类、有机锡化合物、有机硫化合物(异噻唑啉酮前面已阐述)、铜盐等。氯酚类杀生剂国内生产的有以双氯酚(2,2′-二羟基-5,5′-二氯苯甲烷)为主的复合杀菌剂。该类杀菌剂由于毒性大，易污染环境水体，近年来已逐渐被淘汰。有机锡化合物在碱性州值范围内的效果最好。常与季铵盐或有机胺类复配成复合杀菌剂以改善其分散性。实践证明，这类复合杀菌剂还有增效作用。该类杀菌剂目前国内没有生产。有机硫化合物类杀菌剂中目前国内使用较普遍的有二硫氰基甲烷、大蒜素(硫酮类化合物)。许多有机硫化合物杀菌剂对真菌、黏泥形成菌，尤其是对硫酸盐还原菌十分有效。

(三)杀菌剂杀菌机理

各种类型杀菌剂能够杀死细菌的原因可以归纳为以下几个方面：

①妨碍菌体的呼吸作用；②抑制菌体内蛋白质的合成；③破坏细胞壁；④妨碍菌体中核酸的合成。

不同的杀菌剂其杀菌机理可能有所不同，但是只要具备上述的一种作用，就能抑制或杀死细菌。

杀菌性表面活性剂的杀菌机理除阳离子型表面活性剂外，其他类型的表面活性剂至今尚不清楚。一般认为，季铵盐类型阳离子表面活性剂通过与微生物间的

静电作用而产生杀菌效应，荷正电的阳离子表面活性剂能选择性地吸附在荷负电的菌体上，在细胞表面形成一高浓度的离子团，从而影响细胞膜的正常功能，而将细菌杀死。

其他类型的表面活性剂型杀菌剂机理至今尚不明确，但是有一种论点认为，杀菌剂作用过程如下：①表面活性剂因静电力、氢键力或表面活性剂分子与蛋白质分子间的疏水结合等因素而吸附在菌体上。②表面活性剂的疏水基环绕或覆盖在微生物表面，产生窒阻效应，从而妨碍微生物水溶性有毒代谢产物的排泄或切断微生物的氧源并降低酶活性，同时使细胞壁上蛋白质变性。③表面活性剂在细胞壁上的这些作用在其浓度低于CMC(综合评价指标)时，即可发生。在发生吸附之后，表面活性剂分子可进一步与细菌作用，穿透细胞壁吸附在紧贴细胞壁的细胞膜上。细胞膜含有丰富的磷脂、膜蛋白及少量多糖。磷脂分子在富水环境中形成类似表面活性剂层状胶束的双分子层。④表面活性剂的亲水部位与膜中的磷脂和蛋白质的亲水端发生作用。当表面活性剂的浓度较低时，会改变膜的通透性；当表面活性剂的浓度增大时，其单体束缚在膜表面，破坏其层状结构；当其浓度再大时，就可能使磷脂分子摆脱可溶性蛋白质的束缚，与表面活性剂结合；如果浓度更大则其穿透力更强，表面活性剂分子就会穿过细胞膜，作用细胞内溶物。

(四)杀菌剂的选用原则

为了经济有效地控制细菌的危害，又不给生产带来新的问题，理想的油田注水杀菌剂应具备下列条件：①高效、低毒、快速、广谱；②稳定性强；③配伍性好；④不产生抗药性；⑤一剂多用，杀菌的同时具备缓蚀和防垢等功能；⑥来源丰富、价廉，使用方便。

一种杀菌剂能同时满足上述条件是很困难的，但可以通过多种杀菌剂的复配交替使用达到上述条件。

二、缓蚀剂

(一)腐蚀及其危害

金属与周围介质接触，由于化学或电化学原因引起的破坏称为腐蚀。油田污水因其具有较高的矿化度、含腐蚀性气体(H_2S、CO_2、O_2)和微生物(SRB、TGB)等特点，一般具有较高的腐蚀性，易造成污水集输管线、水处理设备、油水井及井下工具的腐蚀破坏。油田污水系统管线设备的严重腐蚀会影响油田生产系统正常运行，还会引起火灾，造成环境污染。个别油田污水腐蚀速率最高可达5mm/a，污水提升泵、管线和设备投产不到一年就因腐蚀而更换或改造，既影响生产又污染环境，直接或间接影响油田正常开发。因此，为减轻腐蚀，各油田都投入大量的人力和物力研究腐蚀及防腐问题，在生产实践中推广应用先进防腐技术和措施。

金属设备的防腐措施可分为三类：一是通过防腐化学剂的加入，达到减轻腐蚀的目的；二是把金属本体与腐蚀介质隔开，如各种内外衬、涂防腐设备、管线等；三是采用耐腐蚀材质，如不锈钢、塑料等。

污水与金属设备相互作用，使金属设备遭受破坏或性能恶化的过程通常称为腐蚀。金属设备在油田污水遭受的腐蚀过程是电化学腐蚀的过程。电化学腐蚀有以下三个要素。

(1)阴、阳极共存于金属表面。金属电化学腐蚀是一个电化学反应过程，电化学反应是指有电子得失的化学反应，其中包括两个半反应，即氧化反应和还原反应。释放自由电子的反应为氧化反应，亦称阳极反应；获得自由电子的反应为还原反应，亦称阴极反应。阴阳极间的电位差是电子流动的推动力，电位差产生的条件是金属设备表面物理化学性质的不均性和污水溶液的物理化学性质不均性，如金属的相组织不同，有杂质，焊口区受力不均变形等，电极电位相对正的区域和电极电位相对负的区域在电解质溶液中构成一个原电池。电化学腐蚀或腐蚀的电化学过程，是由不同电极电位的阳极和阴极构成的腐蚀电池的工作过程。在这个过程中，阳极不断氧化被腐蚀，而在阴极进行还原反应，产生新的物质。

(2)阴阳极间有使自由电子流动的导体，即金属设备表面。

(3)污水溶液。污水中含有电解质，这样就构成了完整的腐蚀电路，即阳极表面的金属原子释放出的自由电子沿导体进入阴极，电解质中的去极剂从阳极移动到阴极吸收电子。

腐蚀过程中的阳极反应通式为：

$$M \longrightarrow M^{n+} + ne \tag{4-9}$$

式中，M 为金属原子；M^{n+} 为失去 n 个电子的金属离子。

腐蚀分为全面腐蚀和局部腐蚀，金属设备在油田污水中危害性大的腐蚀是局部腐蚀。将金属设备在污水中的局部腐蚀划分为以下几种形式：电偶腐蚀、缝隙腐蚀、点蚀、应力腐蚀、选择性腐蚀、晶间腐蚀、磨蚀、空蚀和氢危害。油田最常见的是点蚀。

(二)影响腐蚀因素

油田采出水具有水温高、矿化度高、含腐蚀性气体、有微生物生长、含污油、易结垢等特点，情况较复杂，具体来说，对腐蚀的影响因素主要有以下

几种。

1. 溶解氧

从脱水系统进入污水处理站的污水一般不含氧或含量很低，即使油田水中的溶解氧在浓度小于 1×10^{-6}mg/L 的情况下，也能引起严重腐蚀。污水中溶解氧浓度是压力、温度以及含盐量的函数。溶解氧作为一种去极剂直接参与阴极反应，并且把阴极、阳极反应产物 $Fe(OH)_2$氧化成 $Fe(OH)_3$。

2. 二氧化碳

污水中二氧化碳的溶解度与温度、压力和污水的成分有关。当水中溶有二氧化碳时，存在着如下溶解平衡：

$$CO_2 + H_2O \rightleftharpoons H^+ + HCO^- + O_2\uparrow \quad (4-10)$$

导致水溶液 pH 值降低，游离出的 H^+去极化剂参与阴极反应。

3. 硫化氢

污水溶解的硫化氢有两种来源形式：一是污水原有溶解的硫化氢；二是污水中硫酸盐还原菌。含硫化氢的污水能电离出 H^+和 S^{2-}，去极化剂 H^+参与阴极反应，S^{2-}与阳极产物 Fe^{2+}结合成不溶于水的 FeS 沉积物。

4. pH 值

油田污水随着 pH 值的降低腐蚀加剧，随着 pH 值升高腐蚀减轻，在有氧情况下，若污水 pH 值为 6～8，则腐蚀主要受氧支配。

5. 矿化度

污水的腐蚀性随含盐量增大而加剧，但到一定值后趋于减小，原因是含盐量增加，导电性好，但含盐量足够大时溶解氧降低。水中氯化物含量越高，腐蚀性越大。

另外还受温度、水中含油量、水的流速及磨损等影响。

(三)缓蚀剂概述

凡是在腐蚀介质中添加少量物质就能防止或减缓金属的腐蚀，这类物质就称为缓蚀剂。为减轻注入水腐蚀，保护设备，必须投加缓蚀剂。缓蚀剂是指一类用量极少，却能抑制金属在腐蚀介质中被破坏的物质。

1. 缓蚀剂的种类

油田污水处理用缓蚀剂可分为无机缓蚀剂和有机缓蚀剂。无机缓蚀剂的缓蚀机理是形成钝化膜或沉淀膜以减缓或阻止金属表面的腐蚀；有机缓蚀剂的缓蚀机理是在金属表面形成吸附膜，即亲水基团的原子或原子团在金属表面形成物理吸附或化学吸附，疏水基团在水溶液中形成一层斥水的屏障，覆盖着金属表面，因此，使金属表面得到保护。由于有机缓蚀剂具有用量少、缓蚀效果好、一剂多用和具有表面活性等特点，因而无机缓蚀剂逐渐被取代，即使使用无机缓蚀剂，一般也要和有机缓蚀剂复配使用。

污水的 pH 值在 6 ~ 8 范围内，属中性介质，可用中性介质缓蚀剂缓蚀。按作用机理，这类缓蚀剂可分成以下三类。

1）氧化膜型缓蚀剂

这类缓蚀剂是通过氧化产生致密的保护膜而起缓蚀作用的。由于所产生的保护膜极易促进金属的阳极钝化，所以也叫钝化膜型缓蚀剂。属于这类缓蚀剂的还有亚硝酸盐、钨酸盐、钒酸盐、硒酸盐、锑酸盐、乙酸盐、苯甲酸盐、甲基苯甲酸盐。

2）沉淀膜型缓蚀剂

这类缓蚀剂是通过在腐蚀电池的阳极和阴极表面上形成沉淀膜而起缓蚀作用的。磷酸二氢钠、磷酸氢二钠、磷酸三钠、六偏磷酸钠、三聚磷酸钠、葡萄糖酸钠、次氮基三亚甲基膦酸（ATMP）、乙二胺四亚甲基膦酸钠（EDTMPS）、次乙基羟基二膦酸钠（HEDPA）等都属这类缓蚀剂。

氧化膜型和沉淀膜型缓蚀剂超过一定浓度，都有缓蚀作用。但在浓度不足时，有些缓蚀剂反而加快了腐蚀，这是由于在阳极表面产生了局部腐蚀。考虑到完整的被膜（氧化膜、沉淀膜）在缓蚀中的重要作用，在开始使用缓蚀剂时应用 10 ~ 30 倍正常使用浓度的缓蚀剂对金属表面进行预膜处理，再将缓蚀剂恢复到正常浓度使用。

3）吸附膜型缓蚀剂

这类缓蚀剂是通过在腐蚀电池的阳极表面和阴极表面上形成吸附膜而起缓蚀作用的。常用的有有机胺、酰胺及咪唑啉衍生物等。

污水缓蚀剂通常也是复配使用的，如重铬酸盐与聚氧乙烯松香胺复配，硫脲与聚氧乙烯松香胺复配，硫氰酸铵与肉桂醛复配等。

2. 缓蚀剂选择

缓蚀剂的种类很多，用途各异，必须根据腐蚀介质的具体情况，查清腐蚀因素和机理，通过实验找出具有针对性的缓蚀剂，才能收到较好的防腐效果。选择缓蚀剂必须遵循以下几点。

1）确定腐蚀原因

对于油田生产系统（集输系统、油气处理系统、污水处理及注水系统），腐

蚀的主要原因不外乎 pH 值、含盐量、H_2S、CO_2、O_2、细菌等。但必须找出腐蚀的主要原因，测定各气体的溶解量，分析腐蚀介质的离子组成、腐蚀产物。对于抑制 H_2S 腐蚀可选用吡啶类和脂肪胺类吸附型缓蚀剂；防治 CO_2 腐蚀可用咪唑啉类缓蚀剂。

2）进行室内评价

根据腐蚀原因准备几种缓蚀剂，先在室内评选缓蚀率高的缓蚀剂及其用量，然后在现场应用。室内评价一般采用挂片实验法。

3）现场试验确定缓蚀剂用量和加药方式

设立腐蚀监测点，随时挂片监测腐蚀速度，以便调整、改进缓蚀剂品种、加药量和加药方式。

4）进行经济技术指标比较

对缓蚀剂的价格、用量、毒性及缓蚀率进行全面分析，选择缓蚀率相对较高、成本较低、对环境污染轻的缓蚀剂品种。

3. 油田污水处理系统常用缓蚀剂

用于污水处理系统的缓蚀剂品种繁多、来源复杂、缓蚀效果差异也较大。油田污水处理系统防腐效果较好的缓蚀剂有含氮的有机化合物、脂肪胺及其盐类、酰胺及咪唑啉类等。如中原油田现在用的缓蚀剂 XHZ_1，为咪唑啉类和季铵盐的复配产品，投加量 50mg/L 就能使缓蚀率达到 80%。

三、采出水净化剂

采出水净化主要包括污水的除油和除固体悬浮物。

污水中的油以油珠的形式存在于水中。油珠的表面，由于吸附了阴离子型表面活性物质，形成扩散双电层而带负电。污水中的固体悬浮物主要是黏土颗粒。由于黏土颗粒表面带负电，彼此互相排斥，不易聚并、下沉，因此不易除去。采出水净化剂主要包括絮凝剂、浮选剂、除油剂、反相破乳剂等。

（一）混凝剂与絮凝剂

在工程中，常把混凝分为凝聚和絮凝两个阶段。凝聚阶段包括使胶体脱稳，在布朗运动的作用下使胶体聚集并进一步增大，形成微絮粒；絮凝阶段包括液体流动的能量被消耗，使微絮粒进一步增大的过程。具有凝聚作用的化学剂叫作混凝剂，具有絮凝作用的化学剂叫作絮凝剂。在胶体微粒的聚结下沉或上浮过程中，往往是凝聚和絮凝同时发生，总称混凝，所以经常不再细分凝聚和絮凝，把具有聚沉作用的化学剂统称混凝剂或絮凝剂。

油田污水中含有的乳化油的粒径多在10μm以下，此部分乳化油主要以水包油的形式存在。污水中含有的环烷酸等有机酸、表面活性剂和黏土等固体粉末是乳化油形成的内在因素，而污水随原油经过各种集输器的充分搅拌混合是乳化油形成的外在因素。水中乳化油胶体微粒有两种稳定因素和两种不稳定因素。稳定因素一是胶体的水化作用，带负电的油珠表面吸附水分子，在胶体表面形成一层正离子扩散层，使胶体微粒不能相互结合；二是胶体微粒表面带有同性电荷，发生静电排斥作用。不稳定因素一是由范德华力产生的微粒核之间的相互吸引力，促使彼此相互结合；二是由于胶体微粒的布朗运动，促成其相互碰撞而吸附结合。

投加混凝剂破乳消除稳定因素，再利用微粒的不稳定因素，使破乳的微粒不断扩大形成矾花。例如，污水中投加带正电荷的离子或离子团混凝剂，正离子或离子团进入吸附层内中和带负电的胶体，这样各微粒之间的排斥力减少，更易靠相互碰撞而聚结在一起。

1. 凝聚剂

凝聚剂主要为无机阳离子聚合物，如羟基铝、羟基铁和羟基锆。此外还有铁盐和铝盐，如三氯化铁、硫酸亚铁、三氯化铝、硫酸铝、钾明矾等。这些无机盐及其聚合物都可发生水解作用，产生多核羟桥络离子，中和水中固体悬浮颗粒表面的负电荷。

无机盐凝聚剂中，铁盐和铝盐应用最广泛。铁盐适用的pH值范围广，形成的矾花大、密度高，沉降快，且不受水温影响，净化效果较好。铝盐形成的矾花小、密度低、沉降慢、适用的pH值范围小。

无机盐阳离子聚合物凝聚剂，如聚合铝(PAC)、聚合铁是一类具有发展前途的凝聚剂，对水质的适应性强、适用的pH值范围广、形成矾花大、形成速度快、沉降快、投量少、净化效果好，且不受水温影响。

2. 絮凝剂

絮凝剂主要是有机非离子型和阴离子型的水溶性聚合物。如聚丙烯酰胺、聚乙二醇、羧甲基淀粉、羧乙基淀粉、羧乙基纤维素等。有机高分子助凝剂都是线性聚合物，具有巨大的线性分子结构，每个分子上有多个链节，可以通过吸附作用而桥接在水中的固体颗粒表面，使它们聚结在一起而迅速下沉。

絮凝剂通常由两种化学剂组成，即混凝剂(A剂)和助凝剂(B剂)。使用时A剂、B剂不能事先混合，应分别投加，先加A剂，再加B剂。也有单剂的絮凝剂，除阳离子型聚合物外，使用效果不如A、B剂。阳离子型聚合物除具有中和

电核作用外，还具架桥作用，兼有混凝剂和助凝剂的作用，因此是理想的絮凝剂。因阳离子型聚合物价格较高，现场使用量较少。

1）混凝剂（A剂）

混凝剂是指能中和固体悬浮物表面负电性的化学剂。混凝剂一般为二价以上的金属盐，如羟基铝、羟基铁、羟基锆等。此外，也可用三氯化铝、硫酸铝、铝酸钠、钾明矾、铵明矾、三氯化铁、氧氯化锆等化学剂通过水解、络合、羟桥作用，形成高价的多核羟桥络离子，中和固体悬浮物表面的负电性，引起颗粒粒子的不稳定倾向而絮凝，同时由于这些金属阳离子在水中的水解形成的氢氧化物能吸附颗粒，也产生部分絮凝作用。

（1）污水中物质存在的形态。

①悬浮状态。处于悬浮状态的粒子，直径大于1μm。如泥沙颗粒、分散油滴、细菌（SRB、TGB）等。

②胶体状态。处于胶体状态的粒子，直径在1～0.1μm。这些粒子的性能完全服从于胶体的性质规律。如黏土微粒、土壤腐殖质、乳化油、金属氢氧化物等。

③溶解状态。处于溶解状态的粒子直径小于0.1μm，即真溶液，以离子或分子状态存在于水中。如溶解性气体（H_2S、CO_2、O_2）、有机物和溶解性无机盐等。

（2）混凝净化机理。

以上三种状态的粒子，以分子状态存在的溶液，不影响水质，而以悬浮状态存在的悬浮物溶液容易处理，最难处理的是胶体。胶体溶液十分稳定，在水中做无规则布朗运动，胶体颗粒的自身重力已不起作用。同时，胶体颗粒本身还带有同种电荷，相互排斥，要使胶体颗粒相互凝聚成大颗粒而沉降，必须中和其表面电荷，使胶体成为中性。因此，必须用混凝剂将其凝聚成大颗粒，利用沉降法或浮选法去除。

污水处理过程中投加的混凝剂，如铝盐、铁盐、聚合铝、聚丙烯酰胺等。这些混凝剂水解后形成大量的多核羟桥络离子，带有大量的正电荷，首先降低或消除胶体的ζ电位，使胶体颗粒脱稳，胶体颗粒间相互碰撞，发生凝聚作用，聚结成较大的絮体（矾花），从而达到净化的目的。

（3）混凝净化应注意的问题。

当混凝剂处理污水时，应注意以下两点。

①最佳浓度。

凝聚剂和絮凝剂均有一个符合相应水质的最佳投药浓度，当实际用量大于或小于最佳浓度时，都达不到很好的混凝效果。所以在现场应用前，必须在实验室进行筛选评价实验，找出最佳浓度，作为现场加药量的参考。

②加药顺序。

在投加混凝剂时，要注意加药顺序。首先加凝聚剂，解除固体悬浮颗粒表面的负电荷，再加絮凝剂。特别是当絮凝剂是有机阴离子型聚合物时，更应注意加药顺序。有机阳离子型聚合物兼有凝聚剂和絮凝剂的双重作用，因此可单独作混凝剂使用。

随着油田污水处理技术的不断发展，污水处理混凝剂也不断更新发展。现场多用复合型或无机高分子混凝剂，既可起到凝聚作用，又可起到絮凝作用。不仅污水处理混凝净化效果好，而且只需投加一种药剂，简化加药工序，节约基建投资，减轻劳动强度。

(4)常见的混凝剂。

①聚合氯化铝(别名碱式氯化铝 PAC)。

该产品为无色或黄色固体，属于阳离子型无机高分子絮凝剂，具有“桥联”作用和吸附性能。使用的 pH 值范围是 5 ~9。水温对其使用影响小，适用于低温、低浊水及高浊水的净化处理，用量少、絮凝效果好、成本低，产品的有效投加量为 20 ~50mg/L。固体产品需先在溶解池中配制成 10% ~15% 的溶液后，按所需浓度计量投加，产品腐蚀性强，投加设备需进行防腐处理，操作人员需配备劳动保护设施。聚合氯化铝因其具有对各种水质适应性较强、混凝过程 pH 值范围广、低水温处理效果好等优点，是目前国内外研究和使用最为广泛的无机高分子絮凝剂。

②聚合硫酸铁(别名聚铁、聚合碱式硫酸铁 PFS)。

聚合硫酸铁有液体和固体两种产品，液体产品为红褐色黏稠透明液体，固体为黄色无定形固体，易溶于水。该产品属于阳离子型无机高分子絮凝剂，可用于饮用水、工业给水净化处理以及油田注水处理。该产品适用的 pH 值范围为 5 ~11，最佳范围为 6 ~9。净化后水的 pH 值与碱度变化幅度小，适用的水温为 20 ~40℃，用量少、絮凝效果良好、絮凝体沉淀速度快。在水溶液中，残留的铁比三氯化铁少。在无机絮凝剂中，对 COD(化学需氧量)的去除率和脱色效果是最好的，其腐蚀性也比三氯化铁的小，对于低温低浊水及高浊水的净化效果甚好。

液体产品可直接用计量泵投加。固体产品按 10% ~30% 在溶解池中搅拌溶解，静置 2h 左右，呈红棕色透明药液后使用，一般宜当日配制当日投加。参考用量为 20 ~60g/L，为取得最好处理效果，可用碱或酸将 pH 值调到 6 ~9 后使用。

2)助凝剂(B 剂)

助凝剂是指能桥接在固体悬浮物表面上，使悬浮物迅速下沉或上浮的化学剂。助凝剂一般为水溶性聚合物。由于高分子混凝剂具有强烈吸附水中颗粒粒子

表面的性能，一个高分子混凝剂的许多链节分别吸附在不同颗粒表面上，能产生架桥联结，生成粗大的絮凝体，而产生絮凝作用，均可用作助凝剂。

最常用的助凝剂是聚丙烯酰胺，易溶于水，水溶液为均匀透明的液体。分子量对溶解度影响较小，但当溶液浓度较高时，对于高分子量的聚合物因分子间氢原子的键合作用，可呈现出类似凝胶状的结构。水处理工业中，利用聚丙烯酰胺中的酰胺基可与许多物质亲和、吸附、形成氢键的特性，使之在被吸附的粒子间形成“桥联”，产生絮团，而加速微粒子的下沉。聚丙烯酰胺类絮凝剂能适应多种絮凝对象，具有用量少、效率高、生成的泥渣少、后处理容易等优点。

(二)浮选除油(除油剂)

除油剂是可使污水中的油珠易于聚并、上浮，在除油罐(沉降罐)中除去的物质。

浮选剂通常为极性或非极性的表面活性剂，因此，具有吸附、润湿的性质。为提高气浮除油效率，气浮之前还需加入混凝剂将乳化油破乳，呈现为分散油的疏水状态以便于气泡黏附。

浮选除油是指将呈微细气泡的气体加入含油污水的水流中，这些气泡通过水上浮接触并黏附小固体颗粒和油滴，油气浮渣浮升到表面被撇除出去，从而达到含油污水除油、除悬浮物的目的。当把气体通入含油污水中时，油粒即具有黏附到气泡上以减小其界面能的趋势，但并非污水中所有物质都能黏附到气泡上，还受该物质在水中的润湿性，即被水润湿程度的影响，一般来讲，疏水性物质易被气泡黏附，亲水性物质不易被气浮。为使污水中一些亲水性悬浮物被气浮，需在污水中投加一定量的浮选剂来改变颗粒表面的润湿性，使其易于黏附在气泡上而被刮除。

油田含油污水中油滴、固体颗粒表面一般带负电荷，污水中空气气泡表面也呈负电性，在浮选过程中，油滴－油滴、油滴－气泡、固体颗粒－气泡之间的结合存在一定阻力，高分子型阳离子浮选剂乳选机理是：正负电荷的相吸性，使得污水中带负电荷的颗粒吸附在浮选剂分子上；同一分子链可以通过“搭桥”的方式，将两个或更多的带电颗粒拉在一起，使油滴或固体颗粒絮凝和凝聚成较大的油滴。

(三)反相破乳剂

国内外油田通常把 W/O 型乳状液的破乳使用的表面活性剂叫作原油破乳剂，而把 O/W 型乳状液的破乳使用的表面活性剂称为反相破乳剂。在稠油油田污水处理中，O/W 型乳状液普遍存在。蒸汽驱油、表面活性剂驱油、碱驱油以及稠油乳化降黏中的各类化学助剂多为 O/W 型乳化剂，更促进了 O/W 型乳状液的形成。

反相破乳剂的破乳原理主要为电中和脱稳原理，依据的是 O/W 型乳状液滴表面的负电性特征，同时兼顾吸附“桥联”、絮凝聚结的作用，因此反相破乳剂一般具有阳离子结构特征。目前反相破乳剂品种较多，多是根据具体的水质研制开发的，具有比较强的针对性，同时也有普适性较高的产品出现，国外的反相破乳剂应用也比较广泛，其效果虽好，但造价高。

国内各油田一直积极开发适合本油田污水特性的反相破乳剂，在油田开发的不同阶段，研发和应用了适用性较好的反相破乳剂。

中国石化胜利油田有限公司规划设计研究院 20 世纪 80 年代末研制开发，1990 年通过鉴定的 CW－01 反相破乳剂，如图 4－1 所示。主要针对当时采出液水量增大，水中乳化油含量增加，水质要求进一步严格，需要提高除油效果而研制，得到了成功应用。其合成思路：目标分子主链结构易于在乳状液界面聚结，侧链带有阳离子基团，起到电中和脱稳作用。

CW－01 分子中具有长链聚季铵盐结构，对 O/W 型乳状液的液膜具有中和电荷、吸附“桥联”、絮凝聚结等功能。

中国石油勘探开发研究院 1999 年针对大庆油田注聚采出液研制了获得国家科技奖的 MN－620 反相破乳剂（图 4－2）。其合成思路：有机部分增加侧链阳离子基团的油溶性，复配无机聚合物，增加电中和脱稳能力。

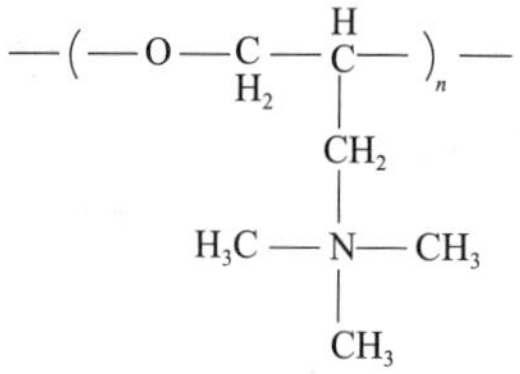

图 4－1　CW－01 反相破乳剂结构

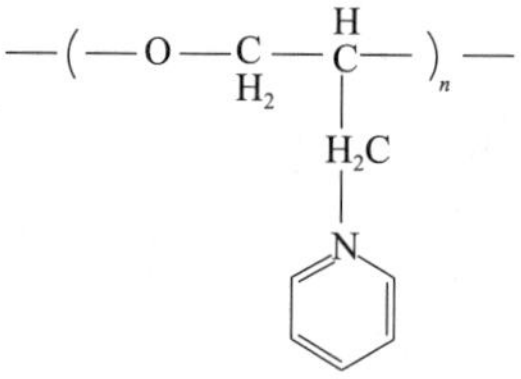

图 4－2　MN－620 反相破乳剂结构

天津大学以环氧氯丙烷和二甲胺、叔胺、多乙烯多胺等合成了聚季铵盐，并与聚铝复配，得到了适用于采油污水处理的高效反相破乳剂 TS－761L；在冀东油田稠油采出水成功应用。

还有一些较为通用的阳离子聚合物如阳离子化聚丙烯酰胺、聚丙烯酰胺－二甲基二烯丙基氯化铵、阳离子淀粉等都具有一定的除油能力。

反相破乳剂研究的理论基础为电中和原理和絮凝作用原理，通过对主链、侧链、阳离子基团的优化设计，以及合理复配，得到以阳离子聚合物为主的目标产物，实际应用表明，反相破乳剂的适用性、效果与其分子量、阳离子度、结构特征均有关。

第二节　三防药剂矿场实践

一、东一联三防药剂试验

胜利油田化学驱主要集中在孤东、孤岛油田，化学驱量 $17.5\times10^4m^3/d$，已占总产出液量的59%。东一联是化学驱处理的典型站库，对其利用三防药剂处理后的采出水进行研究分析。

随着化学驱的开发，东一联油水处理难度加大，电脱水器、过滤器等关键设备无法运行，采用“多级重力沉降＋化学药剂”工艺后，造成脱水流程长、沉积物多、水质不达标等问题。东一联受化学驱采出液影响，生产指标、处理工艺、运行参数都发生了很大变化，目前存在以下四个方面的问题。

(1)化学驱采出液造成油水多重乳化，油水分离设备效果变差。三相分离器分离效果下降：出口含水率由50%上升至90%；沉降罐油水界面不清晰，油罐油水过渡层由0.2m增加至0.8m。油罐沉降时间缩短，油罐采出液沉积物平均在1.5～2.0m，沉降空间减少10%。

(2)化学驱采出液造成原油脱水沉降时间增加，运行参数发生变化。脱水温度升高：破乳温度在70℃以上，远高于常规水驱破乳温度(60℃)；破乳剂加药量由100mg/L上升至300mg/L；油罐沉降时间由25h增加到96h；油罐底水循环量由 $350m^3/d$ 提高到 $1800m^3/d$。

(3)化学驱采出液造成污水处理难度加大，成本增加指标变差。采出水处理站进口含油量由≤500mg/L增加到1000mg/L；预脱水剂浓度由10mg/L增加到20mg/L。外输污水含油由26mg/L升高到100mg/L，不满足≤30mg/L的要求。

(4)化学驱采出液造成油泥砂沉积量大，药剂配伍性变差。东一联受注聚影响，油水罐每年罐底部沉积的采出液沉积物平均在1.5～2.0m，孤东、孤岛化学驱由原来的 $2.5\times10^4t/a$ 上升至 $4.9\times10^4t/a$，其中东一联增长至 1.12×10^4t。通过药剂筛选试验发现预脱水剂、缓蚀剂、杀菌剂与聚合物相互作用增加悬浮物在50%以上。

(一)东一联采出水站处理工艺

东一采出水处理站始建于1988年，2005年进行改造，设计规模为 $4.0\times10^4m^3/d$。目前实际处理采出水量约为 $3.9\times10^4m^3/d$，采用重力混凝沉降工艺(图4-3、图4-4)。站内现有 $5000m^3$ 一次除油罐2座，$3000m^3$ 混凝沉降罐2

座，700m³污水缓冲罐2座，污水外输泵5台，配套采出水回收、污油回收、罐区排泥设施。采出水处理采用重力沉降工艺。孤东油藏地层属疏松砂岩地层，水质指标执行第四级标准(表4－1)。

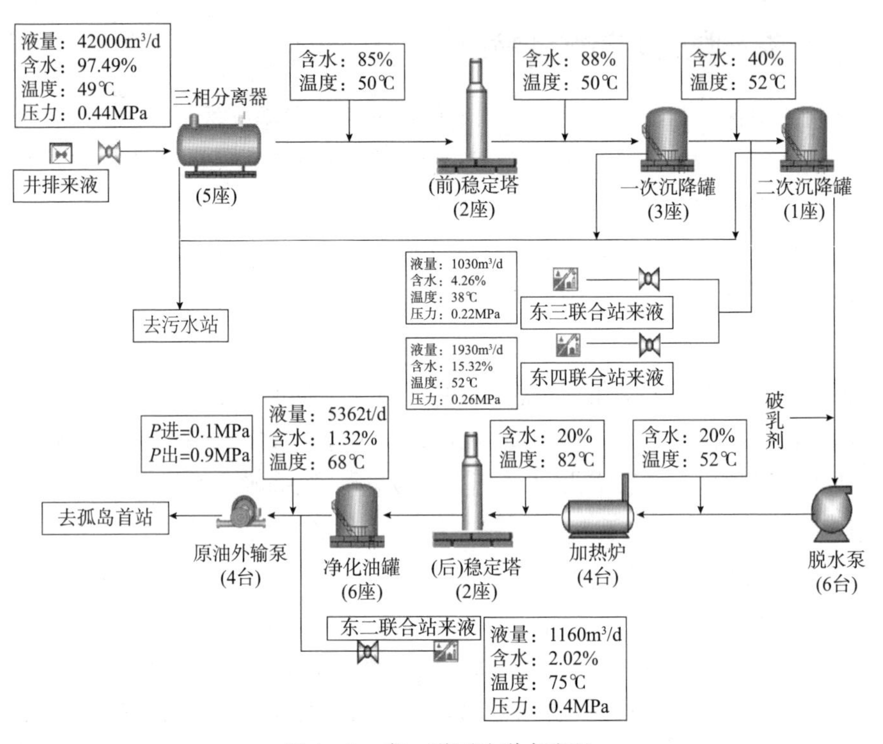

图4－3　东一联原油脱水流程

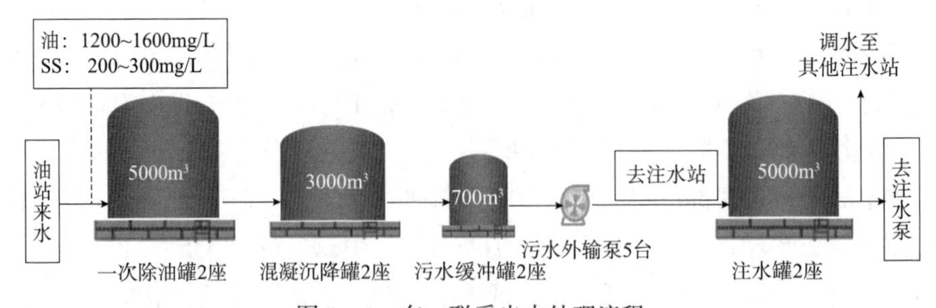

图4－4　东一联采出水处理流程

表4－1　东一联注水水质统计

水量/(m³/d)	含油量/(mg/L)		悬浮物/(mg/L)		SRB菌/(个/mL)		腐蚀率/(mm/a)	
	标准	实际	标准	实际	标准	实际	标准	实际
43500	30	110	10	18	25	60	0.076	0.043

预脱水剂、缓蚀剂 15mg/L 连续投加，杀菌剂 150mg/L 冲击投加两天 1 次，每次 6h。

(二) 东一联区域化学驱基本情况

“十一五”以来，东一联范围内投注三采项目 7 个，累计注入化学剂溶液 $6636\times10^4m^3$，累计增油 336.83×10^4t，目前整体正注项目 3 个，部分注聚 3 个，后续水驱项目 1 个。其中二元驱项目 4 个，非均相驱项目 2 个，注聚项目 1 个(表 4－2)。

各类驱油体系组成部分：①二元复合驱油体系，聚合物溶液 + 表面活性剂溶液 + 石油磺酸盐溶液；②非均相驱油体系，B－PPG + 聚合物溶液 + 表面活性剂溶液 + 石油磺酸盐溶液。累注干粉 158357.5t，累注表活剂 49756.1t，累注磺酸盐 104684.4t，累注 PPG 1567.8t(表 4－3)。

表 4－3　东一联覆盖三采单元药剂使用情况汇总表　t

序号	单元	累注干粉	累注表活剂	累注磺酸盐	累注 PPG
1	三四区二元驱	56512.8	21762.6	47171.3	
2	七区西 5^4-6^1 中北部二元驱	43635.9	15312.7	31484.6	
3	七区西 6^{3+4} 先导注聚区	13645.1			
4	八区二元驱	20886.4	5012.2	10267.8	
5	七区西 4^1-5^1 二元驱	21966.6	7668.6	15760.7	
6	七区西 6^2+5-8 非均相复合驱	636.4			520.7
7	八区 5－6 非均相复合驱	1074.3			1047.1
合计	7	158357.5	49756.1	104684.4	1567.8

对胜利油田在用的缓蚀剂 7 种、杀菌剂 9 种、预脱水剂 4 种、反相破乳剂(除油剂)5 种，共 25 种药剂进行评价。同时对现场在用各类药剂做了对比，评价内容除方案规定的配伍性和使用性能外，还对各种药剂的固含量做了分析。

(三) 室内筛选结果

1. 缓蚀剂

取东一污水站的来水进行实验，加药浓度为 30mg/L，实验温度为 50℃。缓蚀剂的综合得分包含与污水配伍性得分和性能得分两部分，每部分依照排名顺序得分递减，即第一名 10 分、第二名 9 分、第三名 8 分……与污水配伍性得分乘以系数 0.8 加上性能得分乘以系数 0.2 得到综合得分，再按照综合得分排名(表 4－4)。标准中缓蚀剂浓度为 30mg/L 时，缓蚀率应≥70%。折算分为综合得分乘以折算系数，折算系数为 5。

表 4-2　东一联覆盖三采单元实施情况汇总表

类别	单元	方案设计				现场注入(2020.03)					备注（转水驱时间）
		面积/km^2	储量/10^4t	孔隙体积/10^4m^3	注入段塞/PV	投注时间	累注溶液/10^4m^3	注入/PV	累计增油/10^4t	已提高采收率/%	
1	三四区二元驱	6.60	2063	3345	0.80	2006.12	2494	0.75	172.02	8.34	2011 年 11 月
2	七区西 5^4-6^1 中北部二元驱	7.60	1315	2230	0.55	2011.06	1827	0.82	82.00	6.24	部分正注
3	七区西 6^{3+4} 先导注聚区	1.60	366	551	0.50	2011.11	486	0.88	8.72	2.38	正注
4	八区二元驱	3.20	643	1060	0.50	2012.06	885	0.84	47.82	7.44	部分正注
5	七区西 4^1-5^1 二元驱	4.60	658	1120	0.525	2013.11	861	0.77	25.70	3.91	部分正注
6	七区西 62+5-8 非均相复合驱	0.90	166	286	0.500	2018.09	30	0.10	0.41	0.25	正注
7	八区 5-6 非均相复合驱	2.40	615	1080	0.400	2019.06	53	0.05	0.16	0.03	正注
合计	7	26.90	5826	9672	3.775		6636	4.21	336.83	28.59	

表 4－4　缓蚀剂综合得分及排名

名称	悬浮物/(mg/L)	配伍性排名	配伍性得分	换算得分	缓蚀率/%	性能排名	性能得分	换算得分	综合得分	折算分	固含量/%
H5	20	1	10	8	93.7	4	7	1.4	9.4	47	32.7
H2	22.2	3	8	6.4	94.2	3	8	1.6	8	40	15.8
H6	22.2	3	8	6.4	94.2	3	8	1.6	8	40	30
H 现	20.5	2	9	7.2	－37.8	7	4	0.8	8	40	0.9
H4	22.6	4	7	5.6	96.6	1	10	2	7.6	38	33.5
H1	24.1	5	6	4.8	93.2	5	6	1.2	6	30	28.2
H3	27.3	6	5	4	95.6	2	9	1.8	5.8	29	63.4
H7	28.9	7	4	3.2	－0.5	6	5	1	4.2	21	91.9

室内实验过程中，H4 和施普瑞 H7 的缓蚀剂均不溶于水，遇水产生絮状沉淀(图 4－5)。缓蚀剂的投加会导致悬浮物不同程度的增加，与空白水样(悬浮固体含量 18.4mg/L)相比，缓蚀剂加入水样后悬浮物增加了 10%～60%。

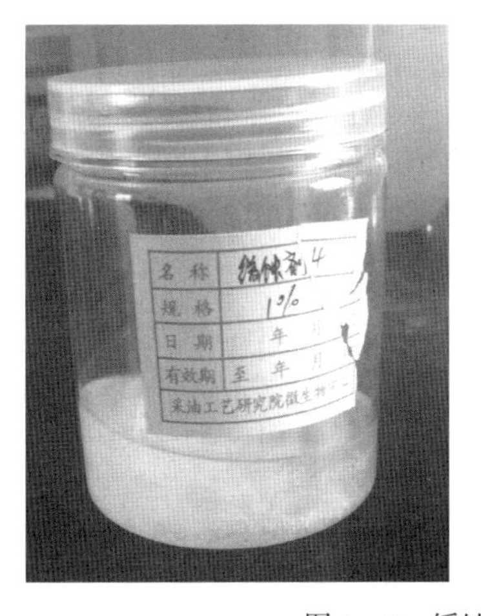

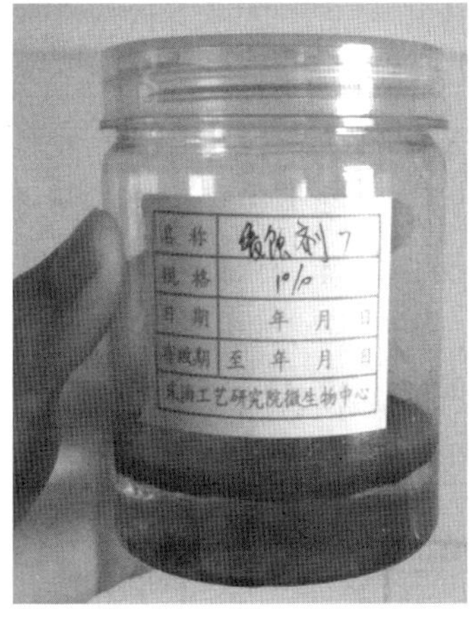

图 4－5　缓蚀剂沉淀照片

2. 杀菌剂

取东一污水站的来水进行实验，加药浓度为 70mg/L，实验温度为 50℃。杀菌剂的综合得分包含与污水配伍性得分和性能得分两部分，每部分依照排名顺序得分递减，即第一名 10 分、第二名 9 分、第三名 8 分……与污水配伍性得分乘以系数 0.6 加上性能得分乘以系数 0.4 得到综合得分，再按照综合得分排名(表 4－5)。折算分为综合得分乘以折算系数，折算系数为 5。

表 4-5 杀菌剂综合得分及排名

名称	悬浮物/(mg/L)	配伍性排名	配伍性得分	换算得分	杀菌率/%	性能排名	性能得分	换算得分	综合得分	折算分	固含量/%
S7	20.3	1	10	6	100	1	10	4	10	50	77.7
S9	23.4	2	9	5.4	99.8	2	9	3.6	9	45	20
S6	24.2	3	8	4.8	100	1	10	4	8.8	44	16
S8	28	5	6	3.6	100	1	10	4	7.6	38	63.9
S5	27.1	4	7	4.2	99.5	3	8	3.2	7.4	37	17.2
S 现	41.2	6	5	3	99.8	2	9	3.6	6.6	33	27.9
S4	41.9	7	4	2.4	99.8	2	9	3.6	6	30	46.8
S1	41.2	6	5	3	97.6	4	7	2.8	5.8	29	37.9
S3	51.7	8	3	1.8	100	1	10	4	5.8	29	37.3
S2	75.1	9	2	1.2	99.5	3	8	3.2	4.4	22	43.9

杀菌剂的投加会导致悬浮物不同程度的增加，与空白水样(悬浮固体含量23.5mg/L)相比，杀菌剂加入水样后悬浮物增加了3%~220%。

3. 预脱水剂

现场停破乳剂、除油剂、预脱水剂30min，取东一污水站的井排来液(含油)进行试验，试验温度为50℃。预脱水剂的综合得分包含与污水配伍性得分和性能得分两部分，每部分依照排名顺序得分递减，即第一名10分、第二名9分、第三名8分……与污水配伍性得分乘以系数0.6加上性能得分乘以系数0.4得到综合得分，再按照综合得分排名(表4-6)。标准中预脱水剂浓度30mg/L时，除油率应≥60%。折算分为综合得分乘以折算系数，折算系数为5。

表 4-6 预脱水剂综合得分及排名

名称	悬浮物/(mg/L)	配伍性排名	配伍性得分	换算得分	除油率/%	性能排名	性能得分	换算得分	综合得分	折算分	固含量/%
Y3	11.1	1	10	6	50.4	3	8	3.2	9.2	46	8.5
Y 现	25.4	3	8	4.8	68.8	1	10	4	8.8	44	37.4
Y2	27.5	4	7	4.2	65	2	9	3.6	7.8	39	41.6
Y1	15.2	2	9	5.4	45.8	5	6	2.4	7.8	39	79.5
Y4	33.5	5	6	3.6	46.7	4	7	2.8	6.4	32	43.2

预脱水剂的投加会导致悬浮物不同程度的增加，与空白水样(悬浮固体含量

10.1mg/L）相比，预脱水剂加入水样后悬浮物增加了10%～230%。

4. 反相破乳剂（除油剂）

东一污水站停加预脱水剂30min以上，取分离器出水进行试验，实验温度为50℃。反相破乳剂（除油剂）的综合得分包含与污水配伍性得分和性能得分两部分，每部分依照排名顺序得分递减，即第一名10分、第二名9分、第三名8分……与污水配伍性得分乘以系数0.6加上性能得分乘以系数0.4得到综合得分，再按照综合得分排名（表4-7）。标准中反相破乳剂浓度20mg/L且试液含油<500mg/L时，除油率应≥55%。现场不加反相破乳剂，则与空白样做对比。折算分为综合得分乘以折算系数，折算系数为5。

表4-7　反相破乳剂（除油剂）综合得分及排名

名称	悬浮物/（mg/L）	配伍性排名	配伍性得分	换算得分	除油率/%	性能排名	性能得分	换算得分	综合得分	折算分	固含量/%
除2	12.9	1	10	6	45.6	3	8	3.2	9.2	46	7.6
反2	18.2	2	9	5.4	50.3	2	9	3.6	9	45	73.8
反3	43	4	7	4.2	66.7	1	10	4	8.2	41	54.1
除1	39.3	3	8	4.8	3	4	7	2.8	7.6	38	51.5
反1	51.4	5	6	3.6	0	5	6	2.4	6	30	50.3

反相破乳剂（除油剂）的投加会导致悬浮物不同程度的增加，与空白水样（悬浮固体含量16.1mg/L）相比，反相破乳剂（除油剂）加入水样后悬浮物增加了10%～230%。

（四）现场试验评价

1. 常规药剂投加方案

1）方案设计

具体设计方案如表4-8所示。

表4-8　三防药剂投加方案表

药剂名称	药剂编号	投加浓度/（mg/L）	加药方式	加药位置
预脱水剂	Y4	20	连续	井排
	Y2			
	Y现			

续表

药剂名称	药剂编号	投加浓度/(mg/L)	加药方式	加药位置
缓蚀剂	H2	20	连续	缓冲罐前
	H4			
	H5			
	H 现			
杀菌剂	S8	每种药剂前半个月进行 5 次循环，三天为 1 次循环，每次循环以 150mg/L 的浓度投加 6h		缓冲罐前
	S9			
	S5			
	S 现			

2)评价结果

(1)杀菌剂。

杀菌剂的综合得分包含与采出水配伍性得分和性能得分两部分，每部分依照排名顺序得分递减，即第一名 10 分、第二名 9 分、第三名 8 分、第四名 7 分。与采出水配伍性得分乘以系数 0.5 加上性能得分乘以系数 0.5 得到综合得分，再按照综合得分排名(表 4 –9)。

表 4 –9　杀菌剂现场试验评价结果

序号	杀菌剂编号	悬浮固体增量/(mg/L)	悬浮物与未加药相比/%	加药后 SRB 含量/(个/mL)	杀菌率/%	加药后 SRB 含量范围/(个/mL)	综合得分
1	S8	12.5	47.7	18	98.8	0 ~ 60	9.5
2	S9	–4.1	–17.2	81	93.3	25 ~ 250	9
3	S5	26.2	119.2	57.5	96.5	0 ~ 250	8
4	S 现	11.7	65.7	185.8	86.4	0.6 ~ 600	7.5

(2)缓蚀剂。

由于杀菌剂具有缓蚀性，所以检测的腐蚀速率是杀菌剂与缓蚀剂共同作用的结果。缓蚀剂的综合得分按照外输水平均腐蚀速率排名顺序得分递减，即第一名 10 分、第二名 9 分、第三名 8 分、第四名 7 分。如表 4 –10 所示。

表 4 –10　缓蚀剂现场试验评价结果

序号	缓蚀剂类型	杀菌剂类型	外输水平均腐蚀速率/(mm/a)	综合得分
1	H5	S9	0.015	10

续表

序号	缓蚀剂类型	杀菌剂类型	外输水平均腐蚀速率/(mm/a)	综合得分
2	H4	S5	0.023	9
3	H 现	S 现	0.029	8
4	H2	S8	0.039	7

(3)预脱水剂。

预脱水剂的综合得分包含与采出水配伍性得分和性能得分两部分，每部分依照排名顺序得分递减，即第一名 10 分、第二名 9 分、第三名 8 分。与预脱水剂的综合得分包含与采出水配伍性得分乘以系数 0.6 加上性能得分乘以系数 0.4 得到综合得分，再按照综合得分排名(表 4－11)。

表 4－11　预脱水剂现场试验评价结果

序号	药剂编号	悬浮固体增量/(mg/L)	悬浮物与未加药相比/%	含油量减量/(mg/L)	除油率/%	综合得分
1	Y4	1	5.4	211.1	36.4	9.6
2	Y 现	32.2	168.6	315.8	54.5	8.8
3	Y2	6.8	35.6	209.2	36.1	8.6

(4)反相破乳剂。

以 10mg/L 的浓度连续投加，加药后的取样点为 5000m^3 一次除油罐出口。由于只投加反相破乳剂，污水站超负荷运转，所以只试验了 2#药剂，没有继续投加其他反相破乳剂。其结果如表 4－12 所示。

表 4－12　反相破乳剂现场试验评价结果

取样时间	含油量/(mg/L)
11.13　8：00	250.6
11.13　13：30	596.5
平均值	423.6

2. 杀菌剂投加方案优化设计

因为杀菌剂具有缓蚀性，所以停加缓蚀剂。本方案的杀菌剂先冲击加药再连续加药。

1)杀菌剂投加方案优化

具体优化表如表 4－13 所示。

表 4－13　三防药剂投加方案优化表

药剂名称	编号	加药方式	加药位置
杀菌剂	S8	每种药剂进行 4 次循环，三天为 1 次循环，每循环先以 135mg/L 的浓度投加 8h，再以 45mg/L 的浓度投加剩余时间	二次罐进口
	S9		
	S5		
	S 现		

2）评价结果

具体评价结果如表 4－14 所示。

表 4－14　杀菌剂缓蚀性能评价结果

杀菌剂	外输水平均腐蚀速率/(mm/a)	缓蚀率/%	室内悬浮物/(mg/L)	现场悬浮物/(mg/L)	标准/(mm/a)
S9	0.032	82.8	23.4	26.1	0.076
S8	0.075	59.7	28	38.5	
空白	0.186	—	23.5	23.8	

（五）小结

（1）东一联在用缓蚀剂、杀菌剂处理效果好，但在悬浮物增加方面不理想，也就是技术标准中的关键指标满足要求，存在絮凝沉积物的问题。通过现场试验来看，杀菌剂优选后降低因药剂产生沉积物 60% 以上（表 4－15）。

表 4－15　三防药剂投加方案设计表

方案	药剂名称	药剂类型	投加浓度/(mg/L)	投加地点	投加方式	处理成本/(元/m^3)	悬浮物沉淀
方案一	杀菌剂	非离子	150（三天 1 次，每次 8h）	缓冲罐进口	冲击	0.13	原药剂增加 65.7%，优选后基本不增加悬浮物沉淀
	缓蚀剂	咪唑啉	20	缓冲罐进口	连续	0.174	
方案二	杀菌剂	非离子	135＋45（三天 1 次每次 8h135mg/L）	二次罐进口	冲击＋连续	0.458	增加 9.7%

（2）三种预脱水剂处理效果一般，未见明显提升，絮凝问题比较严重，需要进一步优选（表 4－16）。

表4-16 预脱水剂投加方案设计表

类型	投加浓度/(mg/L)	处理温度/℃	投加地点	投加方式
阳离子	20	49	井排	连续投加

(3)阳离子成分药剂与水中阴离子聚合物发生反应，絮凝效果好，沉淀物多。

S8杀菌剂选用渗透性较强的阳离子季铵盐类与快速灭杀的非离子类复配使用，长效抑制与快速灭杀相结合，以达到有效控制细菌的目的。季铵盐类的杀菌剂造成污水中悬浮物增加，导致联合站泥量过多，增加处理难度，不推荐使用。

S9杀菌剂为非离子型杀菌剂，专门应用于含聚采出液处理，具有优异的杀菌性能，且与含聚污水有较好的配伍性，用于含聚水的处理时不会造成污泥量的增加，亦不会影响注聚污水黏度，同时具有较好的缓蚀性能，合理使用时，可以节省缓蚀剂的投加成本。

S5杀菌剂是有机胍类杀菌剂，主要成分是聚六双胍、硫腺、十二十四叔胺、非离子表面活性剂等。具有广谱、低毒、配伍性好，对各种金属材料无腐蚀，使用方便、安全等特点。杀菌机理主要是在水溶液中离解成阳离子活性基团，逐步渗入细胞浆的类脂层和蛋白质层，从而改变胞膜通透性，使细胞内容物外渗，导致微生物死亡，对硫酸盐还原菌、铁细菌、腐生菌有很好的抗菌和杀菌效果。由于含聚水中含有阴离子聚合物，与其会发生电性中和，产生聚沉反应，形成大量凝聚体，造成污水中悬浮物增加，所以不推荐使用。

(4)预脱水剂性能分析。

试验预脱水剂主要成分为阳离子聚合物和无机盐，作用机理是利用大阳离子聚合物在水体中正电荷的阳离子属性，并结合无机盐阳离子正电荷的架桥作用，对水中的金属离子具有很强的螯合能力，螯合金属离子形成絮体，达到净化污水的目的，能在较短时间内吸附水中的油滴，絮体迅速聚结从而使油去除，容易形成沉淀物。

(5)通过优选药剂类型，减少化学剂投加量可以不增加沉积物。

在现有加药类型和投加方式下，可以实现沉积物减少的目标，优选出的缓蚀剂均能满足外输水质的标准，由于杀菌剂具有缓蚀性，考虑只投加杀菌剂，不投加缓蚀剂。下一步杀菌剂一剂两用同步杀菌、缓蚀，提高预脱水剂预分水作用且具有一定的原油脱水作用，将药剂种类由4种减少为3种，提高药剂性能，总量降低，有利于控制沉淀物及节能降耗。

二、油水综合处理技术

近年来，随着孤东采油厂实施二元驱开发、聚驱规模的不断扩大，采出液成分较常规聚驱更复杂，油水乳化特别严重。对于原油集输系统，随着来液性质的变化，三相分离器的预分离效果变差，油出口含水率高，加热负荷逐年升高；脱水换热器在运行过程中内壁沉积附着物，导致运行负荷低，换热能力下降，清洗频繁，加热炉效率降低；原油电脱水器的脱水效果逐年下降，电脱水器无法建立、维持稳定的脱水电场，外输原油含水仅依靠提高沉降温度和倒罐沉降维持，原油脱水温度高，大大增加了原油脱水成本；目前投加的阳离子型破乳剂导致大量老化油产生且循环量增大，罐底沉积物增多。对于污水处理系统，油站在确保净化油达标的同时，却造成污水站进站水含油大幅升高，水站为保证注水水质，又投加大量化学药剂，形成大量污泥，而药剂残留又造成输水沿程不稳定现象突出，具体表现为污水外输及注水系统出现严重污堵，导致注水井口水质不达标，以及配聚黏度下降等问题，影响水驱及化学驱开发效果。

化学驱采出液是乳化类型复杂的混合分散体系，由 W/O、O/W 以及多重乳化等不同类型的乳状液组成，乳化状态稳定。原油破乳的关键是降低油水界面张力和膜强度。界面的活性越高，降低油水界面张力和膜强度能力越强的破乳剂，破乳效果越好。现场处理聚合物驱和复合驱采出液多采用传统技术思路，所采用的预脱水剂虽然能达到水清的目的，但其中的阳离子成分与 HPAM 发生分子间相互作用，改变了 HPAM 分子状态，形成絮体，带来一些副作用，絮体在油站造成换热器换热板堵塞，影响加热效率，在水站上浮形成老化油，下沉形成含油污泥，同时引起注调水管线堵塞，造成注水系统供液不足，影响注水质量。

综合处理剂发挥界面疏导作用，实现 W/O、O/W 界面靶向用药，削弱双电层，O/W 聚集成“可逆聚集体”，借助上浮原油，捕集“可逆聚集体”至油层，与油相聚并，降低了水中含油。同时利用水和聚合物的分子间作用，保留 HPAM，尽管分子量降低、水解度增加，但基本性质不变，从源头控制了污水处理过程中含油污泥的产生。

(一) 油水物性分析

1. 原油物性分析

取孤东东二联化学驱采出液进行原油物性分析，结果如表 4 – 17 所示。

表 4－17　孤东东二联原油物性分析

取样点	东二联外输油
密度/(kg/m^3)	946.2
凝点/℃	0
开口闪点/℃	77
运动黏度/(mm^2/s)50℃	159.4
蜡/%	8.99
胶/%	30.1
沥青/%	1
硫/%	1

东二联原油密度为 946.2kg/m^3，黏温曲线(图 4－6)表明，采出液适宜的脱水温度在 60℃左右。

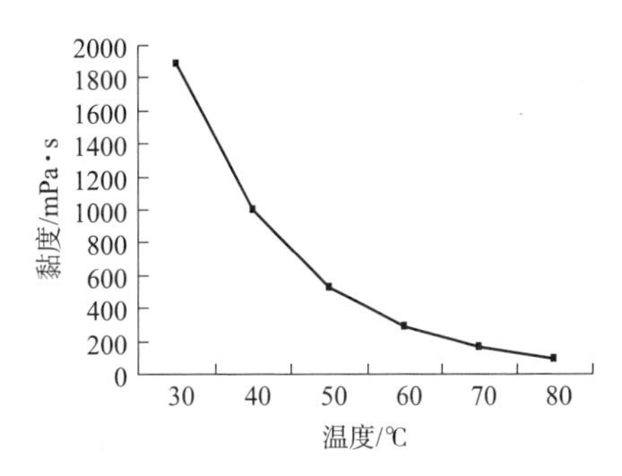

图 4－6　孤东东二联原油黏温曲线

2. 污水水质分析

取孤东采油厂东二联合站三相分离器出水水质进行全离子检测分析，结果如表 4－18 所示。

表 4－18　孤东东二联污水全离子分析

检测依据		SY/T 5523—2006　　HJ/ZY 2009－BO－05					
分析项目		$c(1/zB^{Z-})$/(mmol/L)	ρ(B)/(mg/L)	分析项目		$c(1/zB^{Z-})$/(mmol/L)	ρ(B)/(mg/L)
阴离子	F^-	0	0	阳离子	Li^+	0	0
	Cl^-	201.381	7138.96		Na^+	148.910	3424.93
	Br^-	0.073	5.87		NH_4^+	35.414	637.46
	NO_2^-	0.053	3.26		K^+	1.338	52.19
	NO_3^-	0.157	9.71		Mg^{2+}	6.970	83.64
	SO_4^{2-}	0.172	8.24		Ca^{2+}	19.087	381.74
	OH^-	0	0		Sr^{2+}	0	0
	CO_3^{2-}	0	0		Ba^{2+}	0	0
	HCO_3^-	9.866	601.84		总铁	/	/
合计		211.702	7767.88	合计		211.719	4579.96

续表

检测依据	SY/T 5523—2006　　HJ/ZY 2009 - BO - 05		
pH 值	7.5		
聚合物	120/(mg/L)		
总矿化度 $\rho(\sum B)$/(mg/L)	12347.84	永硬度 $\rho(CaCO_3)$/(mg/L)	810.35
总硬度 $\rho(CaCO_3)$/(mg/L)	1304.15	暂硬度 $\rho(CaCO_3)$/(mg/L)	493.80
总碱度 $\rho(CaCO_3)$/(mg/L)	493.80	负硬度 $\rho(CaCO_3)$/(mg/L)	0

由检测结果可知，东二联污水的 Cl^- 浓度在 7100mg/L 左右，属于高含氯采油污水，聚合物含量高，达到 120mg/L，pH 值为 7.5，水体弱碱性。其成垢阳离子中，Ca^{2+} 和 Mg^{2+} 浓度分别为 381.74mg/L 和 83.64mg/L，成垢阴离子中，HCO_3^- 浓度为 601.84mg/L，SO_4^{2-} 浓度为 8.24mg/L，总矿化度较高，在 12000mg/L 左右，总硬度在 1300mg/L 左右。

(二)孤东污水室内沉降实验

1. 东二联采出水室内沉降实验

用东二联污水站进水作为实验介质，结合净化剂室内筛选结果，在 40℃条件下进行空白静态恒温沉降实验，沉降时间为 6h，每隔 30min 取中层水样进行悬浮物、含油量、聚合物含量的检测，考察不同状态下沉降时间与含油量、悬浮物的关系。

表 4－19　东二联污水自然沉降试验数据

沉降状态	检测项目	沉降时间/h									
		0	0.5	1.0	1.5	2.0	2.5	3.0	4.0	5.0	6.0
自然沉降	含油量/(mg/L)	2512.5	1643	1271.6	916	754.2	625.2	563.4	526	505.8	481.3
	悬浮物/(mg/L)	72.3	62.4	56.5	52.1	49.5	47.6	46.4	45.3	44.4	44.2
备注	1. 试验温度 40℃； 2. 水样取回过程中经过一段时间，大部分浮油黏于桶壁，小部分悬浮物发生沉降，故室内沉降实验用水的含油、悬浮物与现场原水检测结果有一定的差异										

由表 4－19、图 4－7、图 4－8 可以看出：东二联污水站进水含油量为 2512.5mg/L，悬浮物为 72.3mg/L，自然沉降 6h 后含油量仍高达 481.3mg/L，悬浮物为 44.2mg/L。

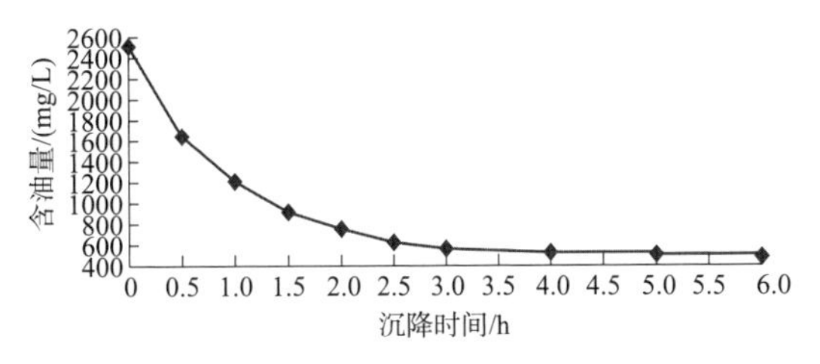

图 4－7　含油自然沉降曲线

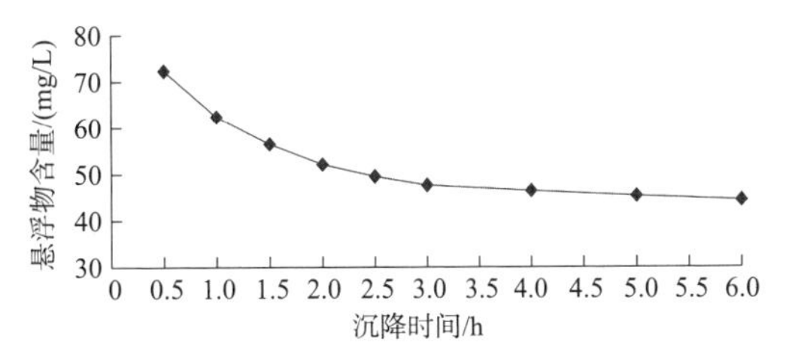

图 4－8　悬浮物自然沉降曲线

2. 东一联采出水室内沉降实验

用东一联井排来液游离水作为实验介质，在 45℃ 条件下进行空白静态恒温沉降实验，沉降时间为 6h，每隔 30min 取中层水样进行悬浮物、含油量的检测，考察不同状态下沉降时间与含油量、悬浮物的关系(图 4－9、图 4－10)。

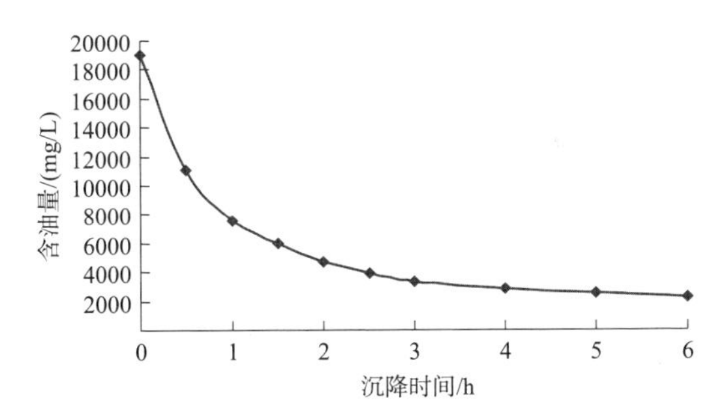

图 4－9　井排游离水空白沉降含油量变化曲线

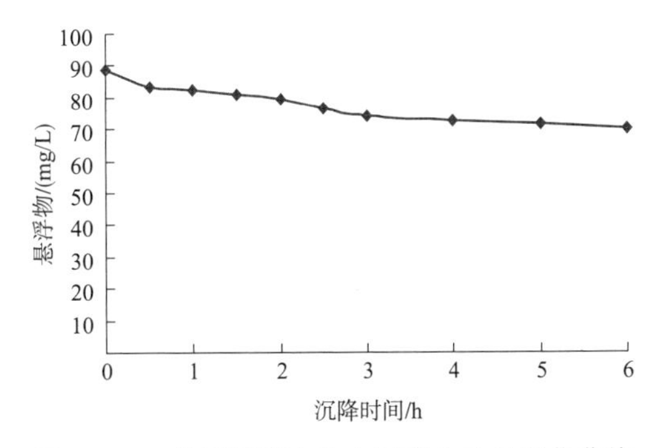

图 4－10　井排游离水空白沉降含油量变化曲线

取井排来液的游离水进行空白沉降实验，结果表明，污水含油量和悬浮物含量随沉降时间延长变化不大。

3. 综合处理剂试验

1)综合处理剂的研发

化学驱采出液是乳化类型复杂的混合分散体系，由 W/O、O/W 以及多重乳化等不同类型的乳状液组成，乳化状态稳定。

目前现场使用的预脱水剂(除油剂)是根据混凝絮凝技术研制的，虽然能达到水清的目的，但其中的阳离子成分与 HPAM 发生分子间相互作用，改变了 HPAM 分子状态，形成分子聚集体，带来了一些副作用，在稳定及破乳机理研究基础上，针对化学驱采出液，研发综合处理剂。综合处理剂以第二极小值作用原理发挥界面作用，削弱双电层，降低了水中含油，同时利用水和聚合物的分子间作用，保留 HPAM，尽管分子量降低、水解度增加，但其基本性质不变。

2)综合处理剂室内实验

(1)东一联综合处理剂实验。

对污水除油效果进行对比，结果如表 4－20 所示。

表 4－20　污水除油效果对比

药剂	加药质量浓度/(mg/L)	不同沉降时间污水含油量/(mg/L)			气浮后污水含油量/(mg/L)
		0.5h	3h	5h	
预脱水剂	40	1498	685	492	55.2
	80	1196	486	370	23.8
	120	464	151	24	0.5
综合处理剂	40	1753	654	334	23.1
	80	1420	500	176	8.1
	120	1270	336	115	3.2

结果表明，现场药剂处理井排采出液污水除油效果较好，加药量 120mg/L 经 5h 沉降后，污水含油量达到 24mg/L，经过实验室气浮后，污水含油量达到 0.5mg/L。综合处理剂加药量 120mg/L 经 5h 沉降后，污水含油量达到 115mg/L，经过实验室气浮后，污水含油量达到 3.2mg/L。

对悬浮物和聚合物去除效果进行对比，结果如表 4－21 所示。

表 4-21　对悬浮物和聚合物去除效果对比

药剂	加药质量浓度/(mg/L)	悬浮物/(mg/L)			聚合物/(mg/L)	
		原水	3h	5h	原水	5h
预脱水剂	40	89.2	128.8	66.5	305.1	178.7
	80		158.2	89.6		113.5
	120		248.5	113.4		41.2
综合处理剂	40		65.8	44.2		298
	80		59.7	38.5		296.9
	120		61.6	38.2		296.7

结果表明，投加现场药剂后由于在污水中形成絮体，污水悬浮物含量增加，聚合物含量减少，加药量 120mg/L 经 5h 沉降后，污水悬浮物达到 113.4mg/L，聚合物含量 41.2mg/L；综合处理剂保留了污水中的聚合物，处理后聚合物含量维持在 296.9mg/L 左右，随着沉降时间的延长，在沉降管的底部和管壁有部分粉砂状悬浮物沉淀，污水中悬浮物含量逐渐降低，加药量 120mg/L 经 5h 沉降后，污水悬浮物达到 38.2mg/L。

综合处理实验表明，采用综合处理剂处理东一联井排采出液，可以同步实现“原油脱水，污水除油”，同时从源头避免了老化油和含聚絮体的产生，不会影响电脱水器脱水电场的建立，防止阵法高含水和设备管线堵塞现象的发生。

(2)东二联综合处理剂室内实验。

用东二联井排来液进行采出液综合处理实验，对不同加药量现场药剂同综合处理剂的原油脱水和污水处理效果进行对比。

对污水除油效果进行对比，结果如表 4-22 所示。

表 4-22　污水除油效果对比

药剂	加药浓度/(mg/L)	不同沉降时间污水含油量/(mg/L)			气浮后污水含油量/(mg/L)
		0.5h	3h	5h	
现场药剂	50	1665	762	547	63
	100	1329	541	412	31
	150	516	168	27	0.3
综合处理剂	50	1948	727	372	18.2
	100	1578	556	196	7.5
	150	1412	374	128	5.6

结果表明，现场药剂处理井排采出液污水除油效果较好，加药量150mg/L经5h沉降后，污水含油量达到27mg/L，经过实验室气浮后，污水含油量达到0.3mg/L。综合处理剂加药量150mg/L经5h沉降后，污水含油量达到128mg/L，经过实验室气浮后，污水含油量达到5.6mg/L。

对悬浮物和聚合物去除效果进行对比，结果如表4-23所示。

表4-23　对悬浮物和聚合物去除效果对比

药剂	加药质量浓度/(mg/L)	悬浮物/(mg/L)			聚合物/(mg/L)	
		原水	3h	5h	原水	5h
现场药剂	50	110	184	95	301.7	142.2
	100		226	128		92.2
	150		355	162		31.7
综合处理剂	50		76.8	52		290.2
	100		70.3	45.7		291.4
	150		72.5	45.2		289.7

结果表明，投加现场药剂后由于在污水中形成絮体，污水悬浮物含量增加，聚合物含量减少，加药量150mg/L经5h沉降后，污水悬浮物达到162mg/L，聚合物含量31.7mg/L；综合处理剂保留了污水中的聚合物，处理后聚合物含量维持在290mg/L左右，随着沉降时间的延长，在沉降管的底部和管壁有部分粉砂状悬浮物沉淀，污水中悬浮物含量逐渐降低，加药量150mg/L经5h沉降后，污水悬浮物达到45.2mg/L。

综合处理实验表明，采用综合处理剂处理东二联井排采出液，可以同步实现"原油脱水，污水除油"，同时从源头避免了老化油和含聚絮体的产生，不会影响电脱水器脱水电场的建立，防止阵发高含水和设备管线堵塞现象的发生。

3)综合处理剂现场试验

(1)东一联油水综合处理剂试验。

油水综合处理剂替代原来的预脱水剂，投加量为1.4t/d、1.2t/d、1.0t/d(试验前预脱水剂0.8t/d)，破乳剂投加型号、浓度、投加地点保持不变。如表4-24所示。

表 4－24　东一联油水综合处理剂现场试验参数统计

类别	净化剂加药量/(t/d)	脱水温度/℃	破乳剂加药量/(t/d)	原油含水率/%		污水含油量/(mg/L)	污水含悬浮物/(mg/L)	乳化油含量/%
				二次沉降罐油出口	外输油	外输污水	污水站出口	
试验前	0.78	85	1	25.52	1.22	82.2	11.4	55
试验中	1.9	83	1.1	13.3	0.92	115.8	11.3	13.9
	1.7	84	1.1	15.25	1	138.9	12.5	19.9
	1.6	84	1.1	13.43	0.94	123.2	19.4	16.7
	1.4	81	1.1	14.07	1.2	131.2	19.9	15.5
	1.3	86	1.1	15	1.76	115.8	26.3	9.3
	1.2	65	1.2	14.5	2.25	122.1	34	33.7
	1.1	85	1.1	15	1.89	108.5	36	9.2
	1	86	1.1	11.33	2.63	161.8	36.2	25.1

①原油脱水情况好转。

从整个试验情况看，投加量在 1.4t/d 时，油水处理效果比较好，投加量低于 1.4t/d 时，原油外输含水率超过 1.5% 的指标要求。

东一联原料油含水率由试验前平均 25.52% 降至 14.07%。

东一联外输油含水率由 1.22% 变为 1.2%。

试验前，净化罐底部放水 2 台提升泵累计运行 26.4h/d；投加综合处理剂时，平均累计运行 20h/d，减少了净化油罐底部放水的循环量，减少耗电 420kW·h/d。

②污水处理情况。

投加综合处理剂后，外输污水含油从试验前 82.2mg/L 上升至 131.2mg/L。

投加综合处理剂后，外输污水中乳化油含量在 10～20mg/L（试验前 50～55mg/L）。

投加综合处理剂后，聚合物保留率由 54% 上升到 93.6%（地质院）。

（2）东二联油水综合处理剂试验。

从试验情况看，通过逐步降低药剂用量，在井排药剂用量降至 1.0t/d 以下，破乳剂投加 0.15t/d 时，总投加量与试验前基本持平，油水指标好于试验前，但成本较高。如表 4－25 所示。

表 4－25　东二联药剂试验数据统计表

日期	阶段	加药量/(t/d)			原油含水率/%			污水含油量/(mg/L)				
		井排	分水器油出口	脱水泵进口	三相分离器油出口	二次沉降罐油出口	外输油	分水器出水	一次沉降罐出水	油站水罐出水	一级除油罐出水	外输污水
3 月上旬平均	试验前	0.9	0.1	0.1	90.0	32.4	3.4	2824.2	/	856.6	378.2	245.0
3.11—3.20	替换井排	1.4	0.1	0.1	59.4	27.6	3.8	3303.2	1330.5	747.9	375.0	301.9
3.21—3.25	替换井排和分水器出口	1.3	0.1	0.1	54.6	29.1	1.4	3341.9	1409.3	706.5	280.7	246.2
3.26—3.29	替换井排、分水器出口和脱水泵进口	1.3	0.1	0.1	69.6	29.9	0.5	3038.1	2139.2	941.3	441.2	350.0
3.30—4.3	降低井排药剂量	1.2	0.1	0.1	67.7	23.9	0.6	2725.1	1717.8	917.0	307.6	275.9
4.4—4.7		1.1	0.1	0.1	57.5	26.3	0.9	2457.4	1232.0	787.5	303.9	247.8
4.8—4.12		1.0	0.1	0.1	61.2	29.8	0.8	2723.6	582.0	491.4	228.0	175.5
4.13—4.15	降低破乳剂量	1.0	0.2	0.0	77.5	24.0	0.9	3114.9	778.0	549.0	190.1	160.6
4.16—4.18	继续降低井排药剂量	0.9	0.15	0.0	83.5	23.3	1.4	2792.0	642.9	611.0	177.6	154.1
4.19—4.22		0.8	0.15	0.0	69.5	25.5	0.9	2917.6	990.5	671.2	241.4	202.8
4.23—4.26	降低破乳剂量	0.8	0.1	0.0	56.8	29.3	1.1	2930.2	1155.8	920.1	322.4	272.1

①原油含水指标试验情况。

试验前，三相分离器出口含水率90%，原料油含水率32.4%，原油外输含水率3.4%；试验期间，三相分离器出口含水率61.3%，原料油含水率26.6%，原油外输含水率1.3%；分别较试验前下降28.7个、5.8个、2.1个百分点。如图4－11、图4－12所示。

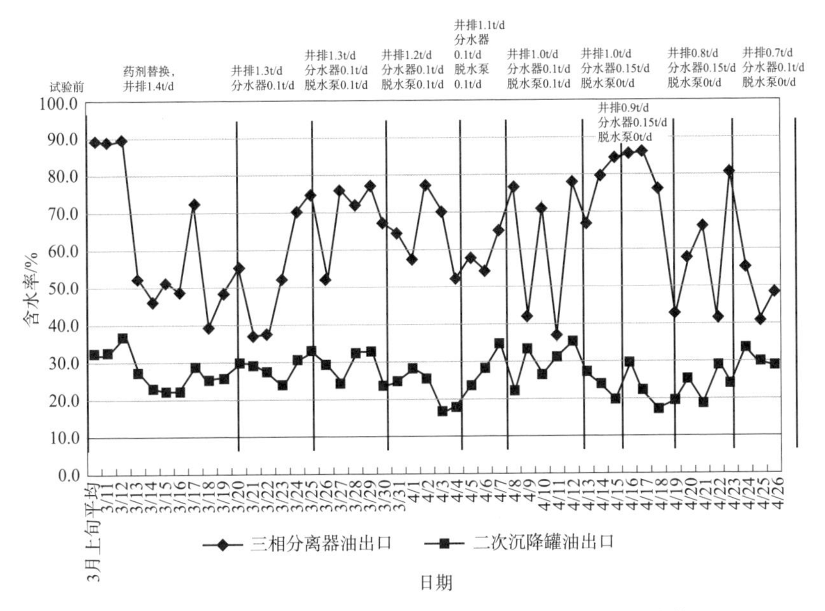

图4－11　东二联分水器出口及原料油含水率变化趋势

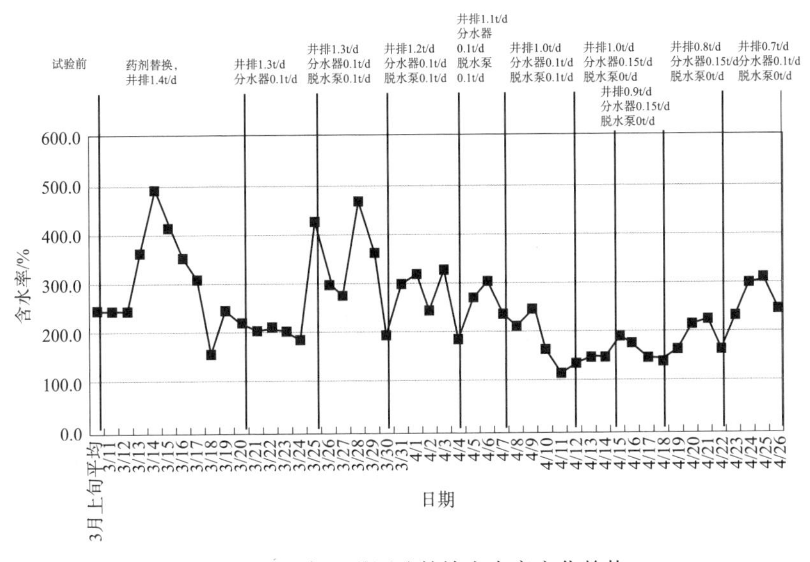

图4－12　东二联原油外输含水率变化趋势

②污水指标情况。

污水含油情况。试验前，三相分离器出口含油量 2824. 2mg/L，油站水罐出水 856. 6mg/L，一级除油罐出水含油量 378. 2mg/L，外输污水含油量 245. 0mg/L。试验过程中将井排药剂量降至 0. 9t/d，分水器出口破乳剂降至 0. 15t/d 时效果最好，三相分离器出口含油量 2792. 0mg/L，油站水罐出水 611. 0mg/L，一级除油罐出水含油 177. 6mg/L，外输污水含油量 154. 1mg/L；较试验前分别下降 32. 2mg/L、245. 6mg/L、200. 6mg/L、90. 9mg/L。如图 4－13、图 4－14 所示。

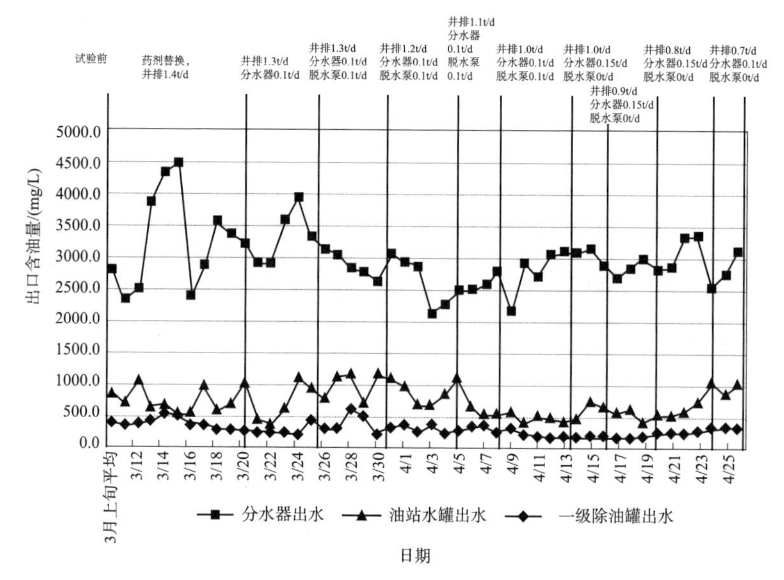

图 4－13　分水器出水、油站水罐出水及一次除油罐出水含油变化趋势

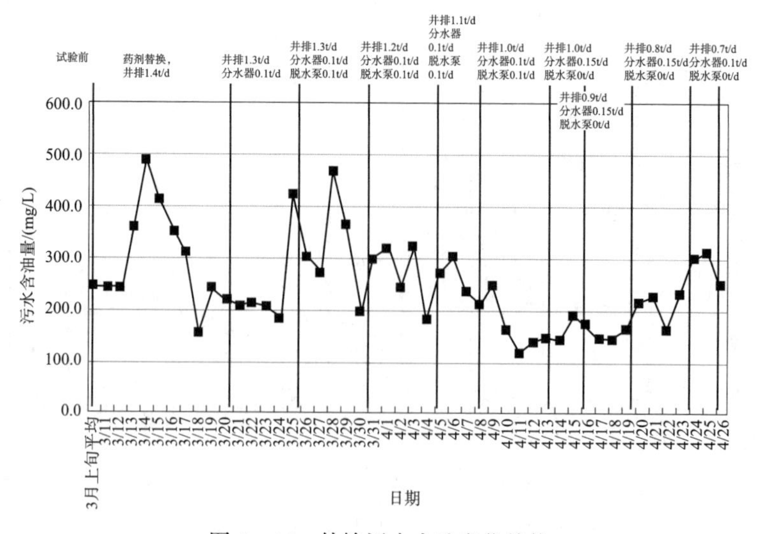

图 4－14　外输污水含油变化趋势

污水含悬浮物情况。试验前，1、2 月采油厂检测东二联外输污水悬浮物含量分别为 21.4mg/L、16.9mg/L；试验期间，采油厂检测外输污水悬浮物含量平均为 38.6mg/L，期间悬浮物含量明显高于试验前，这与采出水中聚合物保留后，部分难以透过 4μm 滤膜有关。数据如表 4－26 所示。

表 4－26　东二联悬浮物试验数据统计　　mg/L

序号	分水器出水	油站来水	一次沉降罐进口	一次沉降罐出口	一次除油罐出口	外输
1	123.7	26.3	107.5	132.4	43.8	42.2
2	174.6	22.5	149.3	24	20	37
3	23.3	63.3	30	253.3	80	70
4	56	26	51	86	44	12
5	30	22	28.7	24	34	32

第五章　聚合物混配与采出水处理技术

化学驱是三次采油提高采收率技术之一，其中聚合物驱得到了较为广泛的应用，取得了较好的经济效益。近年来，在聚合物驱的基础上又开发了凝胶体系的驱油技术，主要包括弱凝胶驱和胶态分散凝胶驱。

1. 聚合物的种类及特点

聚合物驱所用的聚合物种类较多，主要包括生物聚合物(黄原胶硬葡聚糖等)、天然聚合物(羟乙基纤维素等)、合成聚合物等。聚丙烯酰胺(HPAM)是最常用的驱油聚合物。但是，聚丙烯酰胺的耐温抗盐性能较差，其主要原因是聚丙烯酰胺分子内羧钠基的电性相互排斥作用，使聚丙烯酰胺呈伸展状态，在淡水中增黏能力很强；而在盐水中，由于聚丙烯酰胺分子内羧钠基的电性被屏蔽，聚丙烯酰胺呈卷曲状态，水解度(羧钠基含量越高)越大，聚丙烯酰胺在盐水中卷曲越严重，增黏能力越差。当聚丙烯酰胺的水解度≥40%，尽管聚丙烯酰胺分子卷曲非常严重，增黏能力大大下降，但不会出现沉淀现象；在硬水(Ca^{2+}、Mg^{2+}含量较高时)中，当聚丙烯酰胺的水解度≥40%，聚丙烯酰胺分子与钙、镁等多价离子结合，发生絮凝沉淀。由于三次采油周期很长，聚合物的稳定性非常重要。因此，对聚合物进行改性，合成具有抗温抗盐性能的聚合物。

2. 聚合物的研制方向

据文献调研，国内外三次采油用抗温抗盐聚合物的研制方向分为5类，即两性聚合物的研制，耐温耐盐单体聚合物的研制，疏水缔合聚合物的研制，多元组合共聚物的研制，梳型聚合物的研制。

1)两性聚合物的研制

两性聚合物是在聚合物分子链上同时引入阳离子和阴离子基团。在淡水中由于聚合物分子内的阴、阳离子基团相互吸引，致使聚合物分子发生卷曲。在盐水中，由于盐水对聚合物分子内阴、阳离子基团相互吸引力的削弱或屏蔽，致使聚合物分子比淡水中更舒展，宏观上表现为在盐水中聚合物的黏度升高或黏度下降幅度小。但由于发生分子内阴、阳离子基团的内盐结构，溶解性能较差，而且，油田三次采油用聚合物要求增黏能力较强，只有丙烯酰胺单体参与共聚，才能在经济上达到此目的。含丙烯酰胺的两性聚合物溶液随着老化时间的延长，阴离子

度(水解度)不断增大，分子链上正负电荷基团数目不相等，分子链的卷曲程度随矿化度的增大而增大，溶液黏度大大下降，抗盐性能逐步消失。更值得重视的是，两性聚合物的阳离子基团会造成聚合物在地层中的吸附量大幅度增加，聚合物大量吸附在近井地带，严重影响三次采油效率，增大三次采油成本，由此可见，两性聚合物的抗温抗盐是有条件的，并不适用于三次采油领域。

2)耐温耐盐单体聚合物的研制

耐温耐盐单体聚合物的研制主导思想是研制与钙、镁离子不产生沉淀反应，在高温下水解缓慢或不发生水解反应的单体，如2－丙烯酰胺基－2－甲基丙磺酸钠(Na－AMPS)，N－乙烯吡咯烷酮(N－VP)，3－丙烯酰胺基－3－甲基丁酸钠(Na－AMB)，N－乙烯酰胺(N－VAM)等，将一种或多种耐温耐盐单体与丙烯酰胺共聚，得到的聚合物在高温高盐条件下的水解将受到限制，不会出现与钙、镁离子发生反应出现沉淀的现象，从而达到耐温耐盐的目的。这类聚合物能够真正做到长期抗温抗盐，但按现在的生产条件得到的耐温耐盐单体成本太高，大规模用于三次采油在经济上难以承受，必须进行大量的攻关研究，降低耐温耐盐单体的生产成本，提高单体的聚合活性。

3)疏水缔合聚合物的研制

疏水缔合聚合物是指在聚合物亲水性大分子链上有少量疏水基团的水溶性聚合物，其溶液特性与一般溶液大相径庭。在水溶液中，此类聚合物的疏水基团由于疏水作用而发生聚集，使大分子链产生分子内和分子间缔合。在稀溶液中大分子主要是以分子内缔合的形式存在，使大分子链发生卷曲，流体力学体积减小，特性黏度降低。当聚合物浓度高于某一临界浓度后，大分子链通过疏水缔合聚集，形成分子间缔合为主的超分子结构——动态物理交联网络，使流体力学体积增大，溶液黏度大幅度增高。小分子电介质的加入和升高温度均可增加溶剂的极性，使疏水缔合作用增强。在高剪切作用下，疏水缔合形成的动态物理交联网络被破坏，溶液黏度下降，剪切作用降低或消除后大分子链间的物理交联重新生成，黏度又将恢复，不发生一般高分子质量的聚合物在高剪切速率下的不可逆机械降解。

4)多元组合共聚物的研制

综合考虑以上三类聚合物的特性，设计聚合物的分子使其同时具有以上两类或三类聚合物的特性，即将阳离子单体、阴离子单体、耐温耐盐单体、疏水单体、阳离子疏水单体分别进行组合共聚。这是目前国内外最热门的研究课题。这类聚合物比上述单一的两性聚合物、耐温耐盐单体共聚物、疏水缔合聚合物具有优良而独特的性能，应用领域得到进一步拓宽，但在耐温耐盐机理上仍不能克服两性聚合物、耐温耐盐单体共聚物、疏水缔合聚合物存在的问题，目前还不能达到油田三次采油的要求，或者没有大面积推广应用。

5）梳型聚合物的研制

梳型聚合物的研制思路是在高分子的侧链同时带亲油基团和亲水基团，由于亲油基团和亲水基团的相互排斥，使得分子内和分子间的卷曲缠结减少，高分子链在水溶液中排列成梳子形状。在三次采油中，大幅度提高聚合物在盐水中的增稠能力。经过大量的试验表明，此聚合物在盐水中的增稠能力比目前国内外的超高分子量聚丙烯酰胺在盐水中的增稠能力提高50%以上，溶解性与过滤因子均达到油田三次采油用聚合物的要求。

3. 聚合物使用存在的问题

聚合物驱是目前最常用的提高原油采收率的方法。聚合物水溶液的黏度是重要的指标，配制聚合物需要大量的清水，水的组成和性质对聚合物溶液的黏度影响很大。目前，国内大部分油田多采用清水配制和注入的工艺，油田进入特高含水期后含油污水采出量不断增加，同时聚合物驱工业化生产规模不断扩大，单纯依靠清水配制和稀释聚合物溶液所带来的弊病日益突出。采用清水配制和稀释聚合物溶液不仅大大减少了污水的回注量，而且会产生大量的含聚污水，造成油田污水富余，严重影响油田三次采油项目的扩大生产计划。因此，如何有效利用污水资源已成为油田高效开发过程中亟待解决的问题。采油污水经过处理后用于配制聚合物溶液回注地层，可以大大减少油田污水的外排，保护环境；同时，污水代替清水注入，可以节约清水资源缓解油田清水供应紧张的问题，有助于三次采油扩大计划的顺利投产，具有很大的经济效益和社会效益。另外，污水注聚技术的可行性已在胜利油田得到证实，有效缓解了采注用水不平衡的问题。但是该技术在现场实施存在聚合物溶液井口黏度较低、干粉用量大大增加、沿程水质不稳定管道腐蚀严重等问题。

4. 聚合物的意义

由于采出污水中含有大量的金属离子、溶解氧、细菌和杂质，对聚合物溶液的黏度影响较大。虽然从聚合物的结构、配制和注入参数、加杀菌剂和除氧剂等方面做了大量的研究和尝试，但效果并不太理想，尚未见大规模矿场试验的报道。中国石油大学（华东）在污水改性和聚合物水溶液黏度稳定方面做了大量的室内研究工作，从影响聚合物水溶液黏度的因素和程度入手，对水质进行改性，并探讨了黏度的稳定方法，取得了一些有用的数据和进展。

孤东油田聚合物驱主要集中在二区、六区、七区和八区，目前有近1/3的井采用注聚，采用的是一次加药搅拌、二次熟化、清污水混配的配制方法和分段塞、同一浓度注入的方式，即分段塞、分梯次采用相同浓度的注入方式。随着注

聚时间或轮次的增加，驱油效果越来越差。孤东油田采出污水矿化度高、盐含量大，总矿化度在10000mg/L左右，氯离子在5000mg/L左右，且富含H_2S、CO_2等酸性腐蚀成分和一定量的细菌。孤东油田聚合物驱采用清水配制5000mg/L的母液，然后用污水稀释再配注。而采油污水的矿化度较高，对聚合物溶液的黏度影响很大。室内初步实验表明，用清水和污水配制的1500mg/L的聚合物溶液黏度相差较大。同时，目前孤东油田配制聚合物母液需清水$0.4\times10^4m^3/d$，而产生污水近$12\times10^4m^3/d$，合理利用仅$11\times10^4m^3/d$左右，有近$1.0\times10^4m^3/d$的污水无法处理或利用。而且，由于淡水资源比较缺乏，采油污水矿化度较高而对聚合物溶液的黏度影响很大。因此，研究探明水质对聚合物水溶液黏度的影响，将大量的采油污水进行改性和处理，采取适当的对策稳定或提高其黏度，用于聚合物驱，对于提高驱油效果、降低综合成本具有重要意义。

第一节　油田采出水对聚合物溶液黏度影响

一、采油污水水质对聚合物溶液黏度的影响

采油污水水质特点及聚合物溶液黏度的影响因素分析如下。

1. 采油污水特点分析

由于我国各油田地质条件、开发方式、油层改造措施、注水水质、集输工艺等的不同，各油田采油污水的性质差异很大。另外，油田其他污水(如洗井污水、钻井污水、生活污水等)的混入，使得采油污水的成分更加复杂。一般来说，有以下特点。

(1)含油量高。一般采油污水含1000～2000mg/L的原油，有些含油量在5000mg/L以上。油类在水中的存在形式根据含油颗粒的大小可分为浮油、分散油、乳化油和溶解油。采油污水原水中一般90%左右的油类是以粒径>100μm的浮油和10～100μm的分散油形式存在，另外，10%主要是0.1～10μm的乳化油，<0.1μm的溶解油含量很低。

(2)含有悬浮固体颗粒。颗粒粒径一般为1～100μm，主要包括黏土颗粒、粉砂和细砂等。

(3)高含盐量。油田采油污水一般无机盐含量很高，从几千到几万甚至十几万mg/L，各油田甚至各区块、油层都不同。无机盐离子主要包括Ca^{2+}、Mg^{2+}、K^+、Na^+、Fe^{2+}、Cl^-、HCO_3^-、CO_3^{2-}等。

(4)含细菌。主要是腐生菌和硫酸盐还原菌。

(5)部分油田污水含表面活性剂、残余聚合物、相关采油助剂等，主要存在于我国的三次采油聚合物驱油田。

(6)水温高(40～80℃)、pH值高、矿化度较高。

(7)含有大量的细菌，特别是SRB、TGB。

(8)表面张力大，残存有化学药剂及其他杂质。

因此，采油污水是一种含有固体杂质、液体杂质、溶解气体、溶解盐类等较为复杂的多相体系。

2. 聚合物溶液黏度的影响因素分析

1)矿化度

研究表明，矿化度对聚合物溶液的黏度有显著影响，在低矿化度范围内，矿化度的变化对聚合物的黏度影响较大，而高矿化度时，影响较小。因此，在相同的聚合物含量(不包括污水中的残余聚合物)时，使用矿化度高的污水配制的聚合物溶液相对于清水配制的溶液黏度要损失近60%，但如果用地下水(有较高矿化度)稀释两者配制的溶液，则后者的黏度损失幅度远大于前者，当稀释到250mg/L时，两者的黏度相近。有学者通过实验分析了阴、阳离子对聚合物黏度的影响，实验表明：Mg^{2+}对聚合物黏度的影响大于Ca^{2+}的影响，两者的影响程度均较大；K盐和Na盐对聚合物黏度的影响较小，远小于Ca^{2+}、Mg^{2+}的影响，Na^{+}的影响程度略大于K^{+}；在Fe^{3+}的含量达到30mg/L时，溶液的黏度超出了测量范围，而Fe^{2+}的含量却逐步升高，聚合物溶液的黏度值直线下降，Fe^{2+}的影响是最严重的；阴离子对聚合物溶液黏度的影响相对于阳离子的影响是微乎其微的。因此，Ca^{2+}、Mg^{2+}、Fe^{2+}是影响聚合物溶液黏度的主要离子，若要得到黏度较高的聚合物溶液，就要除掉或屏蔽掉这些离子。

Ca^{2+}、Mg^{2+}引起HPAM溶液黏度下降的原因，认为是Ca^{2+}、Mg^{2+}引起HPAM发生分子间缩聚，从而使分子链收缩，并发生去水化作用，导致HPAM从溶液中聚沉。说明Ca^{2+}的存在对黏度是十分不利的。通过大量的实验，得出了金属阳离子浓度与聚合物溶液黏度的关系式如下：

$$\mu = \mu_w [1 + A/(C+D)^d] \tag{5-1}$$

式中，μ为聚合物溶液的黏度，mPa·s；μ_w为混配水的黏度，mPa·s；C为阳离子物质的量浓度，mmol/L；

A、D、d为阳离子浓度常数。

若不考虑Na^{+}、K^{+}、Ca^{2+}、Mg^{2+}在降黏作用上的相互影响，同时存在时对

黏度的综合作用可用下式表示：

$$\mu = 0.6[257/(C+2.04)^{0.7468}] \quad (5-2)$$

其中

$$C = C_{Na} + C_k + C_{Ca}^e + C_{Mg}^e \quad (5-3)$$

C_{Ca}^e为与 Ca^{2+} 降黏程度相当的 Na^+ 的物质的量浓度，mmol/L，$C_{Ca}^e = 7.579[C_{Ca} + 0.198]^{1.806} - 2.04$；

C_{Mg}^e为与 Mg^{2+} 降黏程度相当的 Na^+ 的物质的量浓度，mmol/L，$C_{Mg}^e = 4.518[C_{Mg} + 0.402]^{1.64} - 2.04$；

C_k为等效的 Mg^{2+} 物质的量浓度，mmol/L。

为了保证聚合物溶液黏度达到要求的配制黏度，减少黏度的损失，配制聚合物溶液时，应尽量选择矿化度低的水，在金属阳离子含量较高的水中，应加入螯合剂进行处理。可加入柠檬酸钠、EDTA 等。柠檬酸钠的加量一般为 300～400mg/L。

2）溶解氧

聚合物溶液中溶解氧的存在，会使聚合物发生氧化降解，从而使聚合物溶液黏度降低，驱油效果变差。有学者认为，无论是用清水还是用污水，配制注入水溶解氧含量的增加均加快了聚合物的降解；同量的溶解氧，对污水的降黏幅度小于对清水的降黏幅度。通过实验研究发现，在高温条件下，对于不加稳定剂的 HPAM 溶液，当溶解氧含量低于 0.5mg/L 时，长时间放置后黏度没有降低，长期稳定性很好；但当溶解氧含量为 1.5mg/L 时，长时间放置后黏度大幅度降低，且溶解氧含量越高，黏度损失越大，热氧降解作用越明显。由此可见，高温条件下，溶解氧的存在是导致 HPAM 溶液长期稳定性能差的主要原因。

溶液中一般还含有一定的溶解氧，当氧与 HPAM 作用后，溶液黏度下降，溶解氧含量越大，温度越高，黏度下降越大。HPAM 大分子链氧化降解属于自由基反应，通常情况下是由于聚合物分子链中薄弱点的断裂所致，自由基反应历程可用下面反应表示：

$$\text{P—H(聚合物分子)} + O_2 \longrightarrow P\cdot + HOO\cdot \quad (5-4)$$

式中，P·为含有自由基的聚合物链，如果溶液中存在痕量过渡金属离子，高分子自由基 P 则会迅速与氧反应，生成如下过氧化物自由基：

$$P\cdot + O_2 \longrightarrow POO\cdot \quad (5-5)$$

这些过氧化物自由基引起如下链增长反应，并生成氢过氧化自由基 POOH：

$$POO\cdot + RH \longrightarrow POOH + R\cdot \quad (5-6)$$

上面的系列反应一直进行到氧被完全消耗为止。产生的氢过氧化物可能迅速分解或过一段时间后分解产生更多的自由基，化学活性非常活泼的自由基反应将导致聚合物骨架断裂，结果造成聚合物黏度大幅度降低。

含氧对聚合物溶液的热降解、氧化降解和化学降解都有影响，所以，对水质的含氧量要求不超过 50mg/L，若温度超过 70℃，含氧量要求不得超过 15mg/L。若水中的含氧量超过上述要求，应进行脱氧处理。脱氧的方法主要有真空脱氧和化学脱氧。化学脱氧常用脱氧剂亚硫酸钠和催化剂硫酸钴混合使用。为了抑制 HPAM 的氧化降解，也可在聚合物溶液中添加稳定剂。

3）细菌

采油污水中一般都含有大量的细菌，主要是硫酸盐还原菌（SRB）、铁细菌（FB）和腐生菌（TGB）。细菌的存在会使 HPAM 发生降解，从而使聚合物溶液黏度大幅度降低，影响聚合物的驱油效果。研究发现，HPAM 从配制到注入地下这段过程黏度损失很大，除了机械降解、化学降解所引起的部分黏度损失外，生物降解也是一个重要因素。以前人们只研究了生物聚合物黄原胶的生物降解，而对于 HPAM 总认为是细菌的毒物，因此对 HPAM 的生物降解国内外的研究较少。但近年来国外研究者发现，HPAM 的降解产物可作为细菌生命活动的营养物质，反过来营养的消耗又会促进 HPAM 降解。聚合物驱油在注入地下过程中要经过一段密闭系统，具备了油田常见细菌—硫酸盐还原菌（SRB）生长的条件。据文献介绍，大庆油田在 1992 年对聚合物驱采出液进行分析，其中 SRB 菌量高达 105 个/mL。加之细菌的适应性较强，经过长时间的接触，会在这种环境中大量繁殖使 HPAM 发生降解。有学者根据三次采油可能遇到的工艺条件通过实验研究了 SRB 对 HPAM 降解的影响发现，SRB 接种到一定含量的 HPAM 溶液中后，首先经过一定的停滞期（在这段时间内，HPAM 溶液的黏度不发生变化），其次，SRB 进入对数生长期快速繁殖（在这段时间内，HPAM 溶液的黏度快速下降），最后，SRB 进入衰亡时期（在这段时间内，HPAM 溶液的黏度下降较缓慢）；当 HPAM 溶液的 pH 值在 7 左右时，HPAM 溶液黏度损失较大，酸性条件下比碱性条件下黏度损失大；细菌连续活化次数对 HPAM 降解的影响较大，在三次采油过程中，黏附在管壁上的细菌长期与不断注入的 HPAM 接触，会使得 SRB 分解 HPAM 的能力大大提高，从而对 HPAM 黏度产生较大的影响。

一般地，硫酸盐还原菌等腐生菌会使聚合物降解 10% ~20%，黏度损失也较大。为了消除混配水中微生物的影响，可在混配水中加入杀菌剂。如加入 300 ~500mg/L 的甲醛，但不能低于 100mg/L，否则便成了某些细菌的营养物质，反而会加速生物降解。

4）采出水中的残余聚合物

油田进入聚合物驱阶段后，当注聚合物溶液一段时间后，采油污水中就会出现残余聚合物。残余聚合物的存在，不仅增加了油水分离的难度，而且使污水处理的效果变差，但又使采油污水具有一定的黏度值，回注时有利用价值。有学者研究后认为，聚合物驱采油污水与水驱采油污水最大的差别是其中含有聚合物。残余聚合物对含油污水处理的影响主要体现在以下方面。

（1）采出水中含有聚合物会使含油污水的黏度增加。45℃时水驱采出水的黏度一般为0.6mPa·s，而聚合物驱采出水的黏度随聚合物含量的增加而增加，一般为0.8～1.1mPa·s；黏度的增加会增大水中胶体颗粒的稳定性，使污水处理所需的自然沉降时间增长。

（2）采出水的油珠变小了。粒径测试发现聚合物采出水中油珠粒径小于10μm的占90%以上。油珠粒径中值为3～5μm；微观测试结果表明，聚合物使油水界面水膜强度增大，界面电荷增强，导致采出水中小油珠稳定地存在于水体中。因而增加了处理难度，使处理后的污水中油含量较高。

（3）由于阴离子型聚合物的存在，严重干扰了絮凝剂的使用效果，使絮凝作用变差，大大增加了药剂的用量。同时，处理后的水质达不到原有水质标准，油含量、悬浮固体含量严重超标。

（4）由于聚合物吸附性较强，使携带的泥沙量增大。有学者分析指出，由于聚合物驱采出水中含有一定量的HPAM，保留了一定的黏度值，因此聚合物驱采出水具有回注利用价值，经过处理后可以直接回注或配制聚合物溶液回注。

5）相关采油助剂

在油田三次采油及油水分离过程中，为了提高采收率及油水分离效果，经常加入各种油田化学剂如表面活性剂、碱、缓蚀剂、杀菌剂、破乳剂、降黏剂等。当这些助剂没有被完全消耗时，采油污水中会有一定量的残余，对聚合物溶液体系的黏度产生一定的影响。通过室内试验研究得出：在0.1%含量下，降黏剂和脱盐剂对聚合物体系的影响较大；破乳剂和杀菌剂等其他助剂对清水稀释的抗盐聚合物溶液黏度基本没有影响。

6）采油污水中悬浮物类

聚合物驱油田采油污水中含有大量的悬浮物，经过常规污水处理后仍然含有一定量的悬浮物。有学者研究了回注水后指出，回注水中悬浮物含量随着回注水运移距离的增加而逐渐增大；回注水水质恶化和波动的主要原因是悬浮物的增加；悬浮物主要源于水中胶体的聚沉和硫化氢腐蚀产物。目前，还没有关于悬浮物类对聚合物体系黏度影响的报道。

此外，温度对聚合物溶液的黏度也有一定的影响，聚合物溶液的黏度随着温度的升高而降低，温度每升高约1℃，黏度下降1%～10%。因为温度的上升，分子运动加剧，分子间力下降，大分子的缠结点松开，导致相互靠近的大分子无规线团容易疏离，对流动的阻力降低，同时溶剂的扩散能力增强，分子内旋转的能量增加，使大分子线团更加卷曲，甚至降解，黏度降低。这个过程是一个热力学活化过程，可用阿伦尼乌斯方程描述：

$$\mu = A\exp(E_{\mu}/RT) \tag{5-7}$$

式中，A 为常数；E_{μ}为活化能；R 为气体常数；T 为温度，℃。

在一定的温度范围内 E_{μ}为一常数，因此温度增加，黏度μ下降。

从黏温曲线也可以说明这一点。所以，在配制时应尽量选择较低的温度，以提高聚合物溶液的黏度。但温度太低，PAM 的水化和溶解较慢，因此，配制温度最好是常温，在10～18℃为宜。

二、减少聚合物溶液黏度损失的方法和措施

采油污水矿化度是导致聚合物溶液黏度降低的重要因素，Na^{+}、K^{+}在污水中的含量一般很高，但其对聚合物黏度的影响远远小于二价离子，目前没有可行的方法将其除掉或屏蔽掉；Ca^{2+}、Mg^{2+}、Fe^{2+}等二价离子尤其是Fe^{2+}对聚合物溶液黏度影响很大，可通过离子屏蔽剂将其屏蔽掉或通过氧化剂将其除掉。

很多文献报道污水曝氧可以明显提高污水配制聚合物溶液的黏度。污水曝氧的原理是：油田采油污水中含有大量的硫酸盐还原菌、腐生菌和铁细菌等众多细菌，在地下无氧环境中，可以生成Fe^{2+}等还原性物质，当稀释清水聚合物母液时，清水中的氧与还原性物质就会在聚合物溶液中发生氧化—还原反应，导致聚合物降解。而污水通过曝氧，可以氧化污水中的还原性物质，有效杀灭大部分硫酸盐还原菌和其他一些厌氧菌。因此，当清水配制的聚合物母液被曝氧污水稀释时，可以大幅度减少聚合物溶液黏度的损失。王宝江等在大庆油田进行区块实验后得出如下结论：污水曝氧后可大幅度提高污水配制聚合物溶液的黏度，黏度是新鲜污水配制聚合物溶液的2.4～2.6倍。同时该溶液具有较好的抗降解性能。有学者分析发现，油田污水中含有大量的硫酸盐还原菌、铁细菌及腐生菌等物质，在无氧环境中可生成Fe^{2+}等还原性物质，接触空气后，痕量的氧化过程中所产生的自由基攻击聚合物主链造成链的断裂，促使聚合物快速降解，导致聚合物溶液黏度大幅度下降。实验发现，当污水中含氧量在0.6mg/L以上时，可以有效遏制各种菌类以及化学反应对污水稀释抗盐型聚合物体系黏度造成的不利影响。为此，在注聚区块加装了曝氧装置，采用空气压缩机直接向污水管线供气的方式曝氧，结果显示，平均取样黏度提高了2.6倍。有学者对聚合物采出水进行曝气

处理，发现其黏度明显下降，使残余聚合物发生降解，并且还发现加入少量 Fe^{2+} 可增加黏度下降的幅度。

采油污水中一般含大量的细菌，会使 HPAM 发生生物降解，是造成聚合物体系黏度损失的重要因素，因此，对采油污水进行杀菌是提高聚合物溶液黏度的有效可行措施。目前，国内外用于控制采油污水中细菌的主要方法仍然是投加杀菌剂。油田现场使用的杀菌剂可分为非氧化型杀菌剂和氧化型杀菌剂。除了杀菌剂外，目前出现了一些杀菌的新方法。有学者指出，光催化氧化技术也可用于杀菌。细菌是由有机复合物构成的，光催化杀菌（TiO_2光催化杀菌）可以攻击细菌和外层细胞，穿透细胞膜，破坏细菌的细胞膜结构，同时也可以分解由细菌释放出的有毒复合物。而一般的杀虫剂只能使细胞失去活性，对杀死细菌后释放出的有毒组分却无能为力。有学者阐述了电解杀菌（即利用电解食盐水产生次氯酸钠进行杀菌的工艺）的原理，并将该工艺用于油田采出水处理，取得了良好的效果。

由于油田采出水中残余有一定量的采油助剂，这些化学助剂会对聚合物溶液的黏度产生影响，其中，降黏剂和脱盐剂对聚合物溶液的影响较大，故应严格控制降黏剂和脱盐剂等采油助剂的用量。采油污水与聚合物溶液混合不均匀是影响聚合物溶液黏度的一个因素。故应用分散式静态混合器，改善污水与聚合物溶液的混合效果。

由于采油污水含有大量的原油、悬浮物、矿物离子、微生物、相关采油助剂等，而且 pH 值变化范围很大，直接用其配制聚合物溶液回注不仅聚合物溶液黏度低，而注入地层后会对地层造成严重伤害。因此，必须对采油污水进行水质处理，提高配制聚合物溶液的黏度，减小对地层的伤害。水质处理的方法一般有三种：一是改进原有的水处理工艺。常用的改进工艺有先期除油、改造滤罐沉降罐、加缓冲罐和精细过滤器等工艺。二是筛选复配适合特定水质的水质处理剂。不同的采油污水水质要求不同类型的水质处理剂和不同的加量。现场应用的许多水质处理剂都是根据油田的特定水质从现有水质处理剂中通过试验筛选复配得到的。目前油田现场常用的复配水质处理剂包括 pH 值控制剂、离子屏蔽剂、絮凝剂、除氧剂、杀菌剂等。pH 值控制剂可以把污水的 pH 值控制在一定范围内，使配制的聚合物溶液有较高的黏度。离子屏蔽剂能够有效地抑制高价金属离子对聚合物溶液黏度的影响，但对聚合物的稳定作用受 pH 值的直接影响，在聚合物中加入后，须将 pH 值控制在一定范围内。絮凝剂用于除去水中的悬浮物和部分未除净的油。除氧剂可以除去水中的溶解氧，消除对聚合物溶液的影响。杀菌剂可杀掉水中的细菌，防止其对聚合物的降解。三是研制新型的水质处理剂。随着科学技术的进步，性能优异、廉价的新型水质处理剂不断出现。北京大学研制的以

PAC为主要原料，用络合和交联增效方法合成的多核无机高分子絮凝剂PMC，具有相对分子质量大、选择性荷电吸附能力增强等特点，特别适合处理含油污水的处理。同济大学以天然高分子F_{691}为主要原料，与异喹啉进行改性处理，制得阳离子多功能水处理剂异喹啉季铵盐FIQ－C，具有絮凝、缓蚀和杀菌三种功能，三者同步进行，相互促进，协同增效，且三者加量均为4～5mg/L，具有同剂量效应。FIQ－C在相同试验条件下，其絮凝、杀菌性能分别比PAM－C、1227的好，缓蚀性能接近EDTMPS。

此外，对设备及其参数的优化也是非常重要的。

第二节　油田采出水混配聚合物溶液保黏技术矿场实践

目前胜利油田主要通过清水配制聚合物母液、污水稀释混配注入的方式进行配注，但污水相对清水，在一定程度上降低了配注液的黏度，部分井口黏度损失率甚至超过60%。武明鸣等分别用污水和自来水稀释相同浓度的聚合物溶液发现，污水稀释黏度约为自来水稀释黏度的1/10。污水稀释聚合物母液导致其黏度降低的主要原因在于油田污水成分极复杂。污水的矿化度，细菌含量，溶解氧、还原性离子等均会引起聚合物溶液黏度的降低。其中，还原性离子Fe^{2+}、S^{2-}是造成配注液黏度稳定性降低的主要原因。周卫东等提出，亚铁离子是导致污水稳定性差的主要影响因素；任佳维等通过实验研究确定了阳离子对聚合物溶液黏度稳定性的影响顺序：$Fe^{2+} > Fe^{3+} > Mg^{2+} > Ca^{2+} > Na^{+} > K^{+}$；杨怀军等研究表明，$Fe^{2+}$是引起溶液黏度下降的主要因素，建议配制污水中$Fe^{2+}$的浓度低于0.2mg/L。吴运强等运用实验定量的方法，研究了硫化氢对不同聚合物的降黏能力。结果表明，硫化氢对不同聚合物的降黏能力存在差异；实验证明硫化氢浓度低，聚合物的黏度就高，而当硫化氢的浓度大于20mg/L时聚合物的黏度与不含硫化氢时聚合物的黏度相比，黏度降低60%以上。为了降低硫化氢对聚合物的降黏作用，利用陈化法、曝气法及添加化学药剂等方法降低硫化氢的浓度，其效果非常明显。矿场试验显示，Fe^{2+}、S^{2-}的浓度高于2mg/L时就会造成聚合物溶液黏度的急剧降低，最高可使配注液黏度降低70%以上，同时降低聚合物溶液的长期稳定性，严重影响了聚驱的采收率稳定性，成为油田配注污水亟待处理的关键性离子。

针对由Fe^{2+}、S^{2-}造成的采出污水稀释混配聚合物溶液黏度较低的问题，孤岛油区开展配注聚合物污水处理技术试验，开发出新型综合水质改性处理剂SC－1和聚合物溶液保黏剂JW－1并取得明显成效。杨怀军等建立的曝氧、过滤除三价铁化合物两段式污水处理装置使处理后污水总铁的浓度降到0.2mg/L。游

革新等在史南站采用电化学预氧化技术，使污水中的 Fe^{2+} 和 S^{2-} 基本除去，出水稳定性得到很大改善。

油田污水回注又可分为代替清水直接回注地层和代替清水配置聚合物后回注地层。对于代替清水配置聚合物后回注地层的油田污水，制定了聚合物配注用污水水质控制指标及其分析方法(Q/SH 1020—2007)，其具体污水水质控制指标如表5-1所示，从表5-1中可以看出，标准Ⅰ中对二价铁离子和二价硫离子含量须严格控制至0，标准Ⅱ中对二价硫离子的控制实现2.0mg/L，二价铁离子的含量要低至0.50mg/L。

表5-1　聚合物配注用污水水质控制指标

标准分级		Ⅰ	Ⅱ
控制指标	化学需氧量/(mg/L)	<500	<1000
	溶解氧含量/(mg/L)	0	0
	二价铁离子含量/(mg/L)	0	<0.5
	二价硫离子含量/(mg/L)	0	<2.0
	水处理剂的降黏率/%	<5	<10
	硫酸盐还原菌含量/(个/mL)	0	<25
	含油量/(mg/L)	<50	<300
	悬浮物固体含量/(mg/L)	<10	<50

一、曝氧技术

某污水站污水处理工艺为一级沉降除油，处理水量 $3.7\times10^4m^3/d$，其中 $1.7\times10^4m^3/d$ 污水用于注聚区混配聚合物。由于设备腐蚀严重，处理流程不完善，特别是水中含有60mg/L聚合物，致使污水站外输水质达不到注水水质指标，并且不能满足混配聚合物用水要求。

(一)水质不达标原因分析

1. 处理工艺不适应含聚污水处理

该污水站原设计为压力除油工艺，当时是按污水不含聚的情况设计的，停留时间短，含聚污水乳化严重，油水分离困难，工艺及设施结构均不适应含聚水处理，致使水质不达标。

2. 处理工艺流程不完整，无法保证水质达标

该站原设计的16座压力除油罐和12座压力滤罐，因聚合物堵塞、构件腐蚀

损坏已停运多年，仅运行2座5000m^3除油罐，处理工艺不完整加大了水质治理难度。

3. 处理工艺不适应聚合物配注污水保黏要求

该污水站没有注聚用水处理技术，污水混配聚合物后对聚合物黏度影响越来越明显，为了提高污水混配聚合物的黏度，需要配套相应的处理技术，去除污水中影响聚合物黏度的有害离子。

（二）技术方案与实施

1. 技术指标的确定

通过油藏需求水质和地面水处理技术适应性分析，确定该站规模为$3.8\times10^4m^3/d$，污水站采用分质处理流程，分注水用污水处理和注聚用污水处理两套处理流程。注水水质设计指标为含油≤30mg/L，悬浮物≤30mg/L；混配聚合物用污水设计指标为含油≤30mg/L，悬浮物≤30mg/L，二价铁离子≤0.2mg/L，井口聚合物黏度提升10%以上。

2. 技术路线与实施方案

1）注水水质采用两级除油工艺

设计含聚污水在来水含油≤1000mg/L、悬浮物≤100mg/L时，一次除油罐4h沉降后，水中含油量和悬浮物均可分别控制在200mg/L和60mg/L，然后经混凝沉降罐沉降后，含油量和悬浮物均可分别控制在30mg/L和30mg/L以下。

该流程主要采用氮气气浮和延长沉降时间两项技术。

一次除油采用氮气气浮技术，提高预处理效果。2座5000m^3污水罐改造后仍作为一次除油罐，处理水量$3.8\times10^4m^3/d$，其处理后水质直接影响后续处理设施的运行，由于污水含聚，除油效果不好。为了提高除油效果，此次改造采用氮气气浮技术，罐内置氮气溶气管汇，外部配套制氮系统，回流比≤30%，气液混合比0.3∶1，气泡直径≤30μm，产气量150Nm^3/h，氮气纯度≥99.5%，氮气出口压力0.7MPa。氮气系统投运后，在进口含油量150mg/L的情况下，出口含油量80mg/L，除油率47%，较单纯重力沉降提高14个百分点。

注水水质处理增加二次除油罐，延长沉降时间。改造2000m^3缓冲罐为二次除油罐，增加沉降时间为4h，出水含油量24mg/L，处理水量$2.3\times10^4m^3/d$，除油率70%。

2）混配聚合物污水采用曝氧+除氧工艺

通过比较发现东三联污水的曝氧程度对聚合物黏度具有很大的影响，未曝氧污水对聚合物的黏度造成很大的损失，原因是污水里含有部分对聚合物黏度影响

较大的还原性物质造成的。实验表明：S^{2-}、Fe^{2+}是影响聚合物溶液黏度的主要离子，若要得到黏度较高的聚合物溶液，就要除掉这些离子。现场曝氧试验停留时间分别为20min、30min、40min、60min时，出水硫化物浓度均为0，Fe^{2+}浓度在0.2mg/L以下，出水溶解氧随着气水比的增大而增大，出水配聚黏度提高率均随着气水比的增大而增大。$T=40min$气水比为1∶1时黏度提高率达到76.76%，$T=60min$气水比为2∶1时黏度提高率达到最高的79.39%。但是当溶解氧含量为1.5mg/L时，长时间放置后黏度大幅度降低，且溶解氧含量越高，黏度损失越大，热氧降解作用越明显。

通过对比试验，确定混配聚合物污水处理工艺为污水罐曝氧+除氧工艺。技术参数为：水经过曝氧装置停留时间40min，气水比大于1∶1，为消除富余氧气对腐蚀和聚合物黏度的影响，配套增加除氧工艺，投加除氧剂。新建1000m^3曝氧罐2座，1500m^3脱氧罐2座，曝氧系统1套，经5000m^3一次除油罐处理后的污水先后进入曝氧罐和脱氧罐完成处理过程。曝氧系统投运初期，出现污水含油、悬浮物经过曝氧后升高的问题，经分析认为，工频状态下鼓风机风量调节难度大，很难实现与水量的匹配，将工频改为变频调节，系统逐渐运行正常。

3)推广玻璃钢材料，增强设施的防腐性能

污水腐蚀影响处理设施使用寿命，推广耐腐蚀的玻璃钢材料，新建污水罐、污水管线全部为玻璃钢，旧罐改造采用玻璃钢内胆技术，用加固加厚的玻璃钢衬里将污水与罐体钢板隔离开，解决腐蚀问题。

(三)技术改造效果分析

1. 污水处理工艺运行稳定，注水水质有了较大提升

污水站改造投产后，水质达到“双30”的设计目标。注水水质指标：含油量25.9mg/L，悬浮物20.5mg/L；注聚指标：含油量27mg/L，悬浮物16.5mg/L。与改造前相比含油分别下降14.8mg/L、13.7mg/L，悬浮物分别下降3.4mg/L、7.4mg/L。具体如表5-2所示。

表5-2 污水站改造前后水质指标对比 mg/L

序号	项目	一次除油罐		注水流程		注聚流程			改造前
		进口	出口	沉降罐出口	缓冲罐出口	曝氧罐出口	脱氧罐出口	缓冲罐出口	
1	含油量	194	95	31.7	25.9	94.1	30.7	27	40.7
2	悬浮物	30.9	23.9	20.5	20.5	16	16	16.5	23.9

2. 足额投加水处理药剂，污水处理成本上升，水质变好

污水站改造后杀菌剂由冲击投加改为连续投加，药剂成本 0.82 元/m^3，较改造前增加 0.59 元/m^3；污水站改造后，污水沉降时间增加，通过优化使用除油剂，污水净化指标稳定达标，连续投加缓蚀剂、杀菌剂，SRB 菌和腐蚀率均达到注水水质要求。

污水站用电 0.12 元/m^3，较改造前增加 0.03 元/m^3，主要原因是改造后增加鼓风机曝氧和溶气回流水泵，耗电量增加。

3. 曝氧技术效果明显，注聚井口黏度提升

通过 4 个注聚区块黏度对比看，有 3 个区块分别上升 6.9mPa·s、9.8mPa·s、5.6mPa·s，1 个区块下降 6.6mPa·s，与区块注入浓度变化有关。总体来看，达到井口黏度设计 30mPa·s 的设计目标，提升幅度超过 10%。具体如表 5-3 所示。

表 5-3 污水改造前后注聚区井口黏度对比

区块	改造前化验浓度/(mg/L)	改造前化验黏度/mPa·s	改造前矿化度/(mg/L)	改造后化验浓度/(mg/L)	改造后化验黏度/(mg/L)	改造后矿化度/(mg/L)	改造前后化验浓度差/(mg/L)	改造前后化验黏度差/mPa·s	改造前后矿化度差/(mg/L)
1	2266	20.2	9724	2481	27.1	9929	215	6.9	205
2	2340	22.3	9629	2473	32.1	9970	133	9.8	341
3	2519	31.4	9634	2682	37	9977	163	5.6	343
4	2732	33.6	9634	2418	27	9977	-314	-6.6	343

对改造后的注聚用污水水质进行了现场检测，结果显示，在注聚用污水经过曝氧、缓冲后，二价铁含量下降了 1.96mg/L，硫化物下降了 0.29mg/L，溶解氧上升了 0.4mg/L，亚铁和硫化物去除效果比较明显(表 5-4)。

表 5-4 曝氧后注聚用污水水质检测数据表 mg/L

检测地点	总铁	亚铁	硫化物	溶解氧
来水	2.3	2.1	0.29	0
出水	0.7	0.14	0	0.4
对比	-1.6	-1.96	-0.29	0.4
设计		0.2	0	0.05

(四)结论

(1)污水站改造后，注水水质和混配聚合物污水水质都得到了大幅改善。水

质技术指标达到设计要求，水质改善后注聚黏度有了较大的提升，注水开发效果下降和注水管线的堵塞问题逐步改善。

(2) 该污水站根据不同水质需求实现了分质处理，控制了项目投资。在总体规划上采取了分步实施的工作计划，先采用成熟的技术提升水质，再根据地面过滤技术和离子去除技术进展，逐步完善处理工艺，直至完全满足油田开发要求。

(3)水质治理要做好工艺改造和生产管理的结合。注聚区污水是一个复杂的化学体系，必须根据水质特点开展现场技术研究，经济性和稳定性分析比选，物理法和化学法优化评价，确定技术方案，改进不适应的污水处理工艺，并且保障投入，实现长效治理。

二、二价铁离子捕集技术

以污水中造成聚合物配注液黏度大幅降低的关键离子(Fe^{2+}、S^{2-})为目标处理污染物，对胜利油田东三联合站用于配注的污水进行处理，以实现孤东配注液黏度的稳定，从而保障聚驱的采收率稳定。

(一)孤东联合站污水水质

东三联联合站内污水水质为$CaCl_2$型，矿化度为101156mg/L，腐蚀速率在0.0567(mm/a)左右，达到了注水控制指标0.076mm/a的要求。从表5－2和表5－3中可以看出，孤东联合站内污水总矿化度、碱度、细菌含量较高，水质基本呈中性。联合站经过一系列工艺结合化学药剂的措施(重力沉降、混凝絮凝沉降、曝氧氧化、投加缓蚀剂、杀菌剂等)使配注用污水的含油量、悬浮物含量、腐蚀速率及细菌含量都有较大程度的降低。但用于配注的污水中S^{2-}含量仍有不同幅度的波动，Fe^{2+}含量在经过一系列处理工艺后仍然高于配注水要求的最低指标，且污水从联合站外输至各配注站时Fe^{2+}含量进一步增加，在很大程度上影响了配注液的黏度，因此，需要采取措施控制污水中的Fe^{2+}离子，使Fe^{2+}离子含量控制在配注水质要求的范围内，以稳定配注液的黏度，实现原油采收率的稳步提高。

联合站内污水中所含有的离子主要为K^+、Na^+、Ca^{2+}、Mg^{2+}、Fe^{3+}、Fe^{2+}、Cl^-、S^{2-}等。在经过曝氧工艺处理后的外输污水中Fe^{2+}离子含量仍然高于0.80mg/L，难以满足配注污水所需的Ⅱ级标准，且仍存在少量S^{2-}，如表5－5所示。因此，需进一步开展技术研究，严格控制污水中的二价铁离子和硫离子。

表 5-5　孤东注聚节点水质指标统计　mg/L

指标	东三污处理前	东三污处理后	7#配注站	8#配注站	10#-1 注聚站	11#配注站	12#配注站
二价铁	2.1	0.14	1.30	1.10	2.10	0.80	1.30
硫化物	0.29	0	0.20	0.15	0.25	0.20	0.15

(二)亚铁离子对聚合物黏度的影响特征

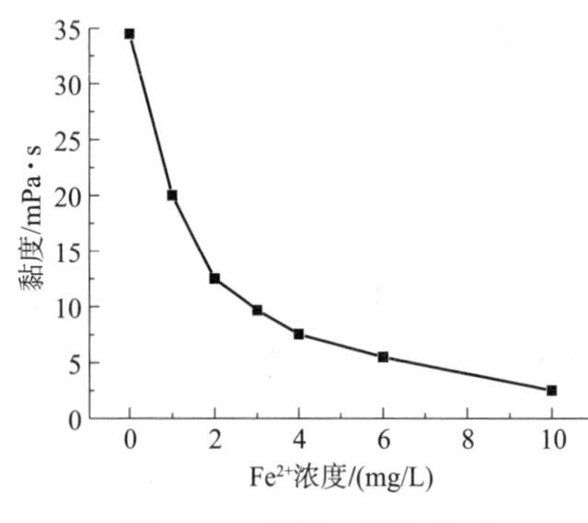

图 5-1　不同亚铁浓度下聚合物黏度的变化

室内模拟不同亚铁离子浓度的污水稀释聚合物母液，得到不同浓度亚铁离子对聚合物黏度的影响，如图 5-1 所示。微量亚铁离子便引起聚合物溶液黏度剧烈降低，浓度在 2mg/L 时降黏率就达到了 63.7%，增加亚铁离子浓度聚合物溶液的降黏率继续增加而速度有所减缓。

为考察亚铁离子对不同浓度配注液的黏度影响特征，开展室内实验，以联合站外输水为实验水质，向不同程度稀释的母液(配注站母液的浓度约为 5300mg/L)分别添加 1mg/L 的 Fe^{2+}，并进行黏度测定。实验结果如图 5-2、图 5-3 所示。以污水稀释母液后，聚合物黏度随聚合物浓度的增加整体呈增加的趋势，并且浓度-黏度关系在一定浓度范围内大致呈线性关系，其原因是随着溶液浓度的增加，溶液中溶解的聚合物的量不断增加，聚合物分子在溶液中充分舒展且不至于使聚合物分子间相互交联缠绕，这时黏度的增加是由不断溶解的聚合物分子在溶

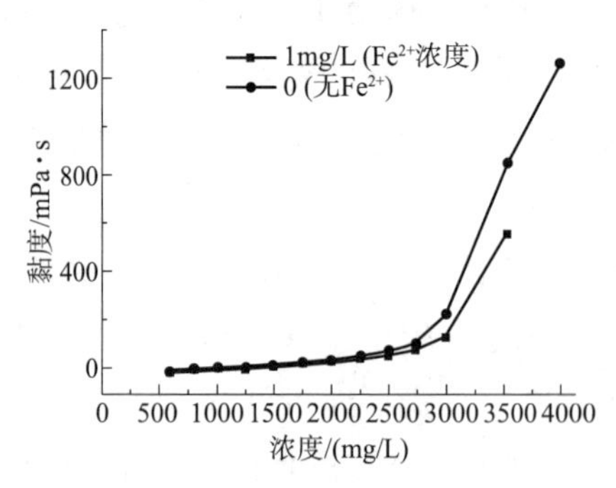

图 5-2　Fe^{2+} 浓度对聚合物浓度-黏度关系的影响

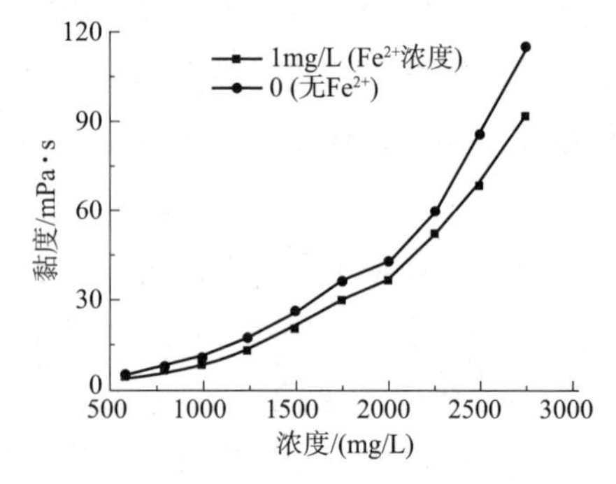

图 5-3　聚合物浓度小于 2750mg/L 时 Fe^{2+} 浓度对聚合物浓度-黏度关系的影响

液中充分伸展引起的。配注在低中浓度时(2750mg/L 以下)变化相对缓慢，在这之上，黏度随浓度的增加急剧变高。但从整体配注液浓度看，在配注液浓度增加至 1250mg/L 时，Fe^{2+} 对配注液的黏度影响逐渐变大。在浓度约为 2750mg/L 时聚合物溶液黏度的增加速度突然加快，这是由于聚合物溶液浓度太大，聚合物分子之间相互交联缠绕所致。

分析 1mg/L 亚铁离子对聚合物溶液的降黏率可知，浓度低于 2746.1mg/L 时降黏率在 20% 左右，浓度继续增加降黏率升到 35% 左右。不同浓度下聚合物溶液的降黏率规律如图 5－4 所示。分析可知，在亚铁离子浓度为 1mg/L 时便引起聚合物溶液黏度较大程度的降低，且随着溶液浓度的增加降黏率有增大的趋势。另外，联合站外输污水亚铁离子含量在 0.1～0.3mg/L 之间，经管道输送后污水中亚铁离子含量会有不同程度的增加，含量在 1.01～1.95mg/L 之间波动，因此迫切需要开发出新型除铁稳黏试剂，降低污水中亚铁和总铁含量的同时达到保持污水沿程稳定的效果。

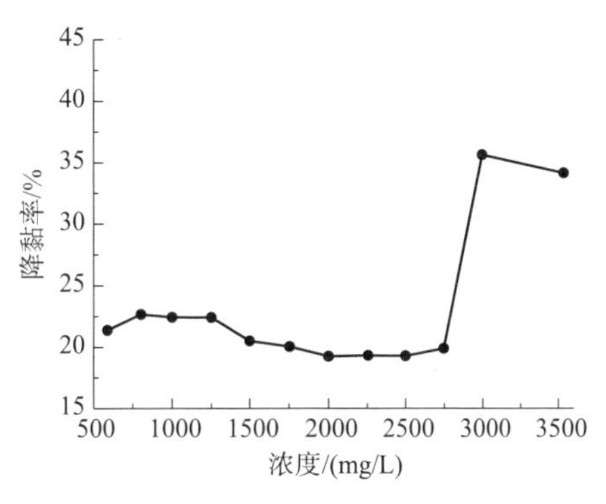

图 5－4　投加 1mg/L 亚铁溶液的降黏率

(三)关键离子处理技术

1. 亚铁离子捕集剂开发

针对油田污水中 Fe^{2+} 含量低、共存金属离子(Ca^{2+}、Mg^{2+})含量高、矿化度大、含油、悬浮物等特性，通过优化筛选前驱体，控制合成条件，实现了剥离水质复杂性、靶向性强、效率高的定位捕集剂。如图 5－5 所示。

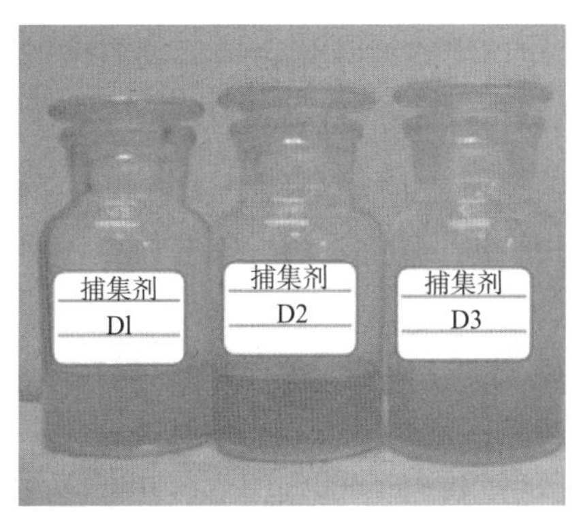

图 5－5　亚铁离子定位捕集剂

2. 定位捕集剂普适性研究

为确保开发的定位捕集剂能适应于油田复杂多变的污水水质特征，将开发的捕集剂用于胜利油田 16 个联合站的来水中亚铁离子的处理，处理结果如表 5－6 所示。从表 5－6 中可看出，定位捕集剂在处理胜利油田的 16 座污水站来水中的亚铁离子时均展现了很好的处理效果。从亚铁离子为0.17mg/L永安站到含8.80mg/L的郝现站，均可处理完全，且这些站中包含了水驱、聚驱等不同特征的分出水。

表5－6　各污水站 Fe^{2+} 处理效果　mg/L

地区	处理前 Fe^{2+}	处理后 Fe^{2+}	地区	处理前 Fe^{2+}	处理后 Fe^{2+}
辛一	1.5	0	史南	1.32	0
辛二	0.63	0	坨一	1.8	0
辛三	0.63	0	坨二	1.8	0
广利	3.68	0	坨三	1.32	0
永安	0.17	0	坨四	1.5	0
孤三	0.89	0	坨五	1.5	0
孤六	0.7	0	坨六	1.7	0
郝现	8.8	0.14	宁海	1.12	0

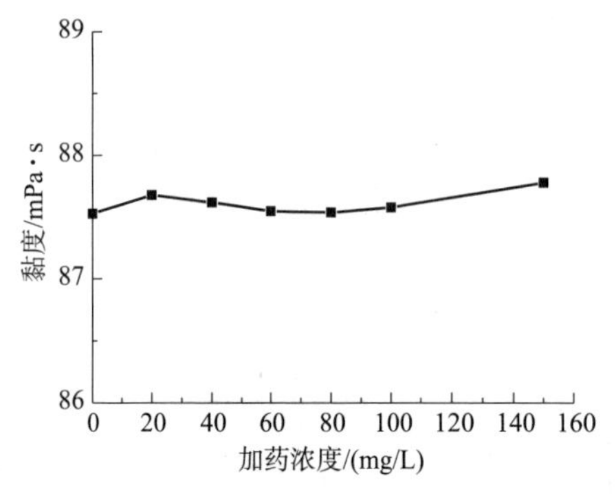

图5－6　定位捕集剂对聚合物溶液黏度的影响

定位捕集剂处理东三污水效果。为避免开发的捕集剂对聚合物本身造成影响，首先要考察捕集剂对聚合物黏度的影响特征。取联合站外输水，分别投加0、20mg/L、40mg/L、60mg/L、80mg/L、100mg/L、150mg/L等7个浓度的捕集剂。污水1:1稀释聚合物母液（浓度约为5300mg/L），混合均匀后测试不同药剂投加浓度下的聚合物溶液黏度。定位捕集剂对聚合物溶度黏度的影响如图5－6所示。

分析可知，投加药剂浓度在0～150mg/L范围内聚合物浓度在87.53～87.78mPa·s之间波动，且其浓度波动范围在误差允许范围内，因此认定投加捕集剂时不会降低聚合物溶液黏度。

进一步考察捕集剂处理污水中不同浓度的亚铁离子能力及处理后配注液黏度的变化特征。分别向联合站外输污水中投加4种亚铁浓度（1mg/L、2mg/L、3mg/L、4mg/L），并用污水1:1稀释现场配注站母液（浓度约5300mg/L），分别在直接稀释与投加除捕集剂稀释两种情况下测试聚合物溶液的黏度，静置24h后重复测试评价其稳定性。定位捕集剂投加前后聚合物溶液黏度变化如图5－7所示。

从图5－7中可以看出，不投加捕集剂时聚合物溶液的黏度随着亚铁离子含量的增加而降低且降低幅度较大，在亚铁离子含量为4mg/L时溶液黏度降到了23mPa·s。投加后，聚合物溶液黏度随亚铁含量的增加有轻微的降低，亚铁离子含量范围在0～4mg/L时降黏范围维持在3.4mPa·s以内，保黏率在96%以上。静置24h后重复黏度测试，发现作为对比的空白样黏度降低不大，表现出较好的稳定性；不投加捕集剂时聚合物溶液黏度有5mPa·s左右的降低；投加后聚合物溶液黏度降低小于2mPa·s。实验表明，捕集剂可以有效抑制污水中亚铁离子引起的注聚配注液黏度的降低，同时起到一定程度上稳定聚合物黏度的作用。

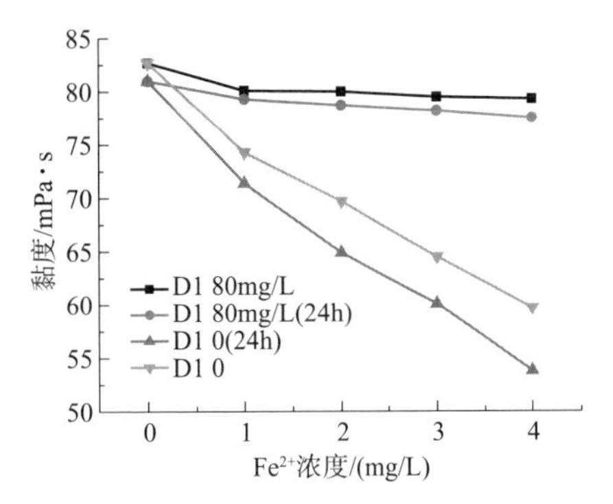

图5－7　定位捕集剂投加前后聚合物溶液黏度变化

定位捕集剂与现场水处理剂的配伍性。为避免捕集剂与现场在用水处理剂发生药剂间的耦合作用，降低药剂效率或降低其他水处理剂的使用效果，室内开展了定位捕集剂与现场所用的缓蚀剂和杀菌剂的配伍性试验，试验结果如表5－7、表5－8所示。从表5－7中可以看出，亚铁离子捕集剂与现场所用的杀菌剂配伍后，两者的性能均未受到影响，显示了良好的配伍性；与缓蚀剂配伍后，不仅未能造成影响，且进一步提高了缓蚀效率。

表5－7　定位捕集剂与杀菌剂配伍性结果

配伍浓度/(mg/L)		配伍性检验指标	配伍前性能评价	配伍后性能评价	配伍性判断
第1组配伍试验	杀菌剂(60mg/L)：捕集剂(60mg/L)	外观	均匀液体	均匀液体	配伍性良好
		溶解性	完全溶解	完全溶解	
		腐蚀性	无腐蚀性	无腐蚀性	
		处理后 Fe^{2+} 浓度/(mg/L)	0.3	0.3	
		SRB菌抑制浓度/(mg/L)	60	60	

续表

配伍浓度/(mg/L)		配伍性检验指标	配伍前性能评价	配伍后性能评价	配伍性判断
第2组配伍试验	杀菌剂(60mg/L):捕集剂(80mg/L)	外观	均匀液体	均匀液体	配伍性良好
		溶解性	完全溶解	完全溶解	
		腐蚀性	无腐蚀性	无腐蚀性	
		处理后 Fe^{2+} 浓度/(mg/L)	0.3	0.3	
		SRB 菌抑制浓度/(mg/L)	60	60	

表5-8 定位捕集剂与缓蚀剂配伍性结果

配伍浓度/(mg/L)		配伍性检验指标	配伍前性能评价	配伍后性能评价	配伍性判断
第3组配伍试验	缓蚀剂(20mg/L):捕集剂(60mg/L)	外观	均匀液体	均匀液体	配伍性良好
		水溶性	溶解性好	溶解性好	
		处理后 Fe^{2+} 浓度/(mg/L)	0.3	0.3	
		缓蚀率/%	72	78	
		点腐蚀	无明显点腐蚀	无明显点腐蚀	
第4组配伍试验	缓蚀剂(30mg/L):捕集剂(80mg/L)	外观	均匀液体	均匀液体	配伍性良好
		水溶性	溶解性好	溶解性好	
		处理后 Fe^{2+} 浓度/(mg/L)	0.3	0.3	
		缓蚀率/%	83	90	
		点腐蚀	无明显点腐蚀	无明显点腐蚀	

(四)现场推广应用试验

确定采用定位捕集技术或定位捕集技术耦合曝气工艺对配注污水中关键离子(亚铁离子和硫离子)有较好的处理效果，对配注液黏度也有很好的提高。为进一步考察该技术在现场应用的条件及效果，开展了现场推广应用试验，推广试验期间，日处理水量为 $2.1\times10^{4}m^{3}$，跟踪监测各配注站关键离子的含量，每天跟踪孤东12口注聚井的井口黏度，试验检测化验流程图如图5-8所示。

试验分两个阶段开展：第一阶段，不启用曝氧系统，单投加捕集剂，考察该技术条件下，满足配注水Ⅱ级标准时，井口配注液黏度变化特征。第二阶段，启动曝氧系统，投加捕集剂，采用耦合技术确定该技术条件下，井口配注液黏度变化特征。

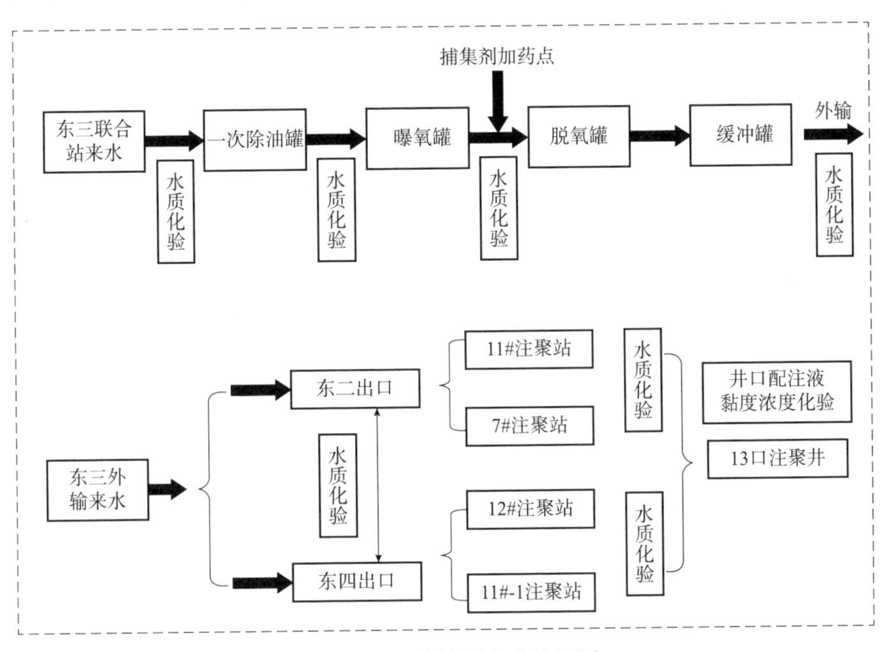

图5－8　试验检测化验流程图

1. 配注液黏度与浓度的变化关系

为了明确现场配注液的浓度对黏度的变化曲线，以实现更为客观准确的判断，现场取母液，室内进行不同比例的稀释，室内进行了黏度－浓度测定系列实验。

取东三外输水将母液稀释成600mg/L、800mg/L、1000mg/L、1250mg/L、1500mg/L、1750mg/L、2000mg/L、2250mg/L、2500mg/L、2750mg/L、3000mg/L、3500mg/L、4000mg/L等13个不同浓度，进行黏度测定（图5－9）。从图5－10中可以看出，配注液黏度随聚合物浓度增加呈增加的趋势。低浓度时，浓度与黏度大致呈线性关系。浓度高于2750mg/L时，配注液黏度的增加较快，脱离线性关系。浓度范围为500～2000mg/L浓度与黏度关系的线性拟合，得到聚合物溶液浓度与对应黏度的线性关系式：

$$\mu = -15.247 + 0.028 \times C \tag{5-8}$$

式中，μ为聚合物的黏度，mPa·s；C为聚合物溶液的浓度，mg/L；两者线性拟合系数为0.972。

具体应用于现场时，因现场工况与室内存在一定的差别，可根据现场情况乘条件因子相关系数 a。a 的数值建议根据现场的聚合物母液的类型、运行的工况等在大量现场化验数据基础之上得出。

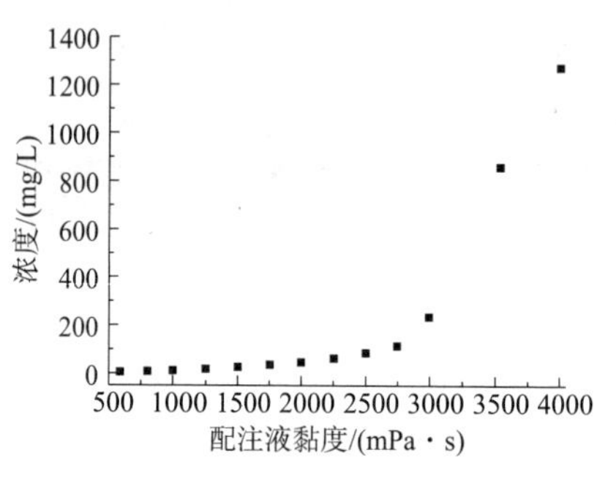

图5－9　聚合物浓度－黏度关系

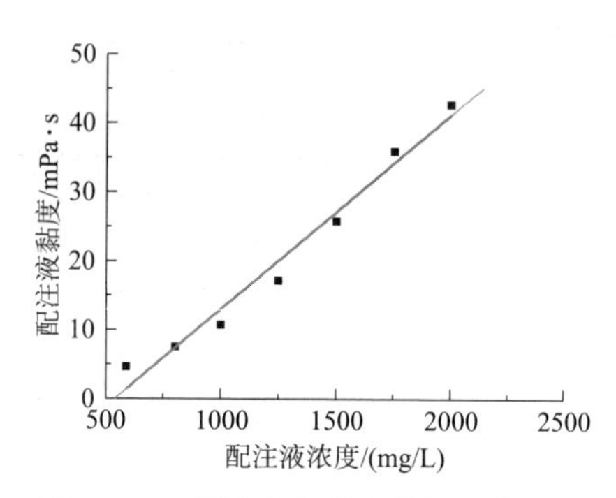

图5－10　低浓度与黏度数据拟合直线

2. 定位捕集技术应用效果

第一阶段试验流程如图5－11所示。曝氧系统停止运行，直接投加不同浓度的捕集剂。试验共分三个时段完成包括“空白调研”＋“80mg/L捕集剂”＋“60mg/L捕集剂”。试验期间，每天监控各检测点亚铁离子、硫化物、溶解氧含量等指标，并对选取的12口井进行黏度、浓度的跟踪取样及化验。

图5－11　定位捕集技术推广应用试验工艺流程

1)关键离子处理效果评价

本阶段试验中，曝氧设备停止运行，仅投加80mg/L和60mg/L的捕集剂，试验期间化验的主要指标情况如下：东三联来水和外输水pH值在7.30～7.50之间；悬浮物粒径中值平均值为2μm；矿化度均为10000mg/L左右，来水和外输水差别不大；此阶段，硫酸盐还原菌含量为25个/mL；外输水的腐蚀速率稍高于来水(表5－9)。

加药期间，来水的亚铁离子平均值为2.09mg/L。投加除铁剂60mg/L时，东三联站内及沿程均可使配注水中亚铁离子稳定在0.30mg/L之上(图5－12)；本阶段试验过程中，曝氧设备停止运行，硫化物的含量在站内随流程有一定程度的

降低，这可能是共沉降过程中的裹挟造成的。但沿程硫化物逐渐增加，这主要是厌氧细菌的活动造成的(图 5 - 13)。

表 5 - 9　第一阶段试验期间常规水质含量特征

检测项目	来水	外输
含油量/(mg/L)	302.6	25
悬浮物含量/(mg/L)	129.2	20.2
悬浮物粒径/μm	2.185	1.985
pH 值	7.46	7.43
矿化度/(mg/L)	10206	10118.9
总硬度/(mg/L)	928.4	906
硫酸盐还原菌(SRB)含量/(个/mL)	25	0
腐生菌(TGB)	60	0
铁细菌(IB)含量/(个/mL)	250	0
腐蚀速率/(mm/a)	0.0427	0.0509

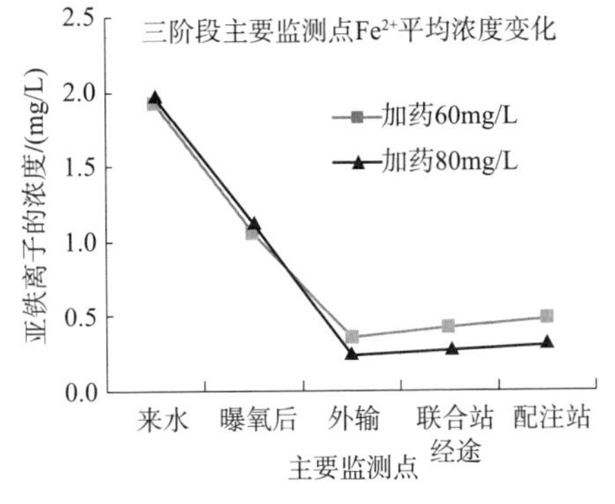

图 5 - 12　定位捕集技术处理 Fe^{2+} 效果

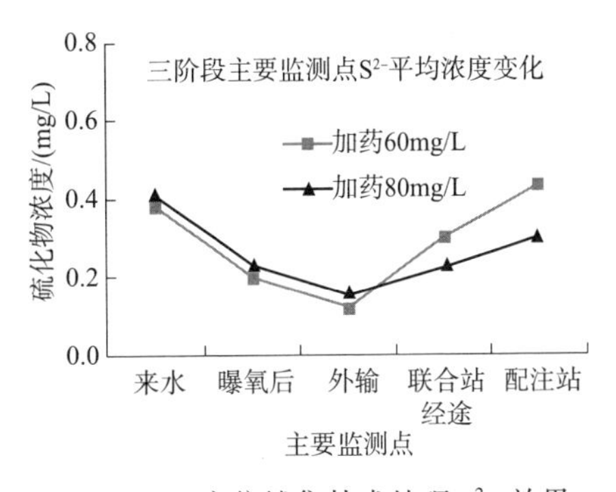

图 5 - 13　定位捕集技术处理 S^{2-} 效果

2)加药前后现场配注液黏度变化特征

经过跟踪情况来看，捕集剂对配注液黏度有明显的增黏效果。在曝氧设备未启动运行时，井口平均黏度仅为 18.2mPa · s(聚合物配注液中聚合物平均浓度 2140mg/L)；在停止曝氧设备的运行时，投加定位捕集剂 60mg/L 时平均黏度可提高至 24.1mPa · s(聚合物浓度 2148mg/L)，定位捕集剂 80mg/L 时平均黏度可提高至 25.5mPa · s(聚合物浓度 2142mg/L)，黏度增幅在 40% 以上(图 5 - 14 ~ 图 5 - 18)。因停止曝氧，黏度降低幅度太大，影响采油厂正常生产，所以未能进一步跟踪化验每口单井的黏度数据。但跟踪了不同加药量井口黏度的变化特征。从单井的变化特征来看，试验期间，共跟踪 12 口井的黏度变化情况。从跟踪结果来看，加药期间有 11 口井增黏明显，增黏率为 92%，部分井口增黏率超过 30%。

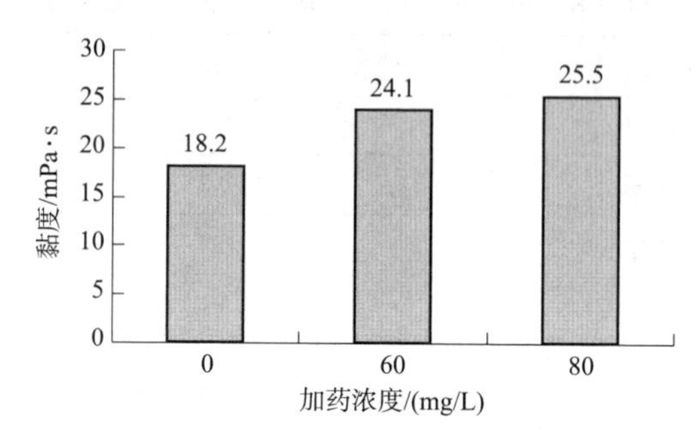

图 5－14　定位捕集技术平均增黏效果

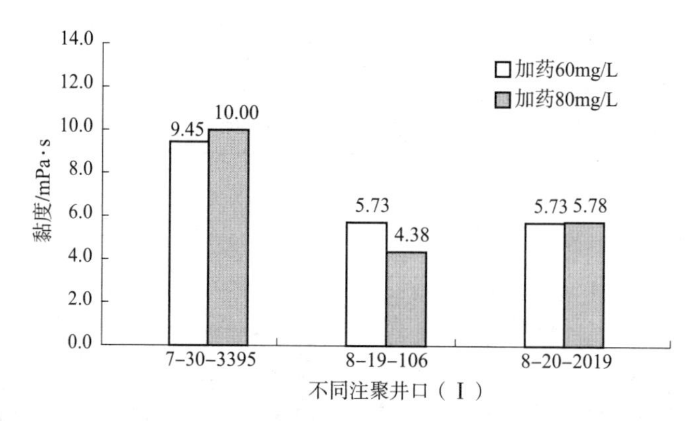

图 5－15　定位捕集技术不同井口(Ⅰ)增黏效果

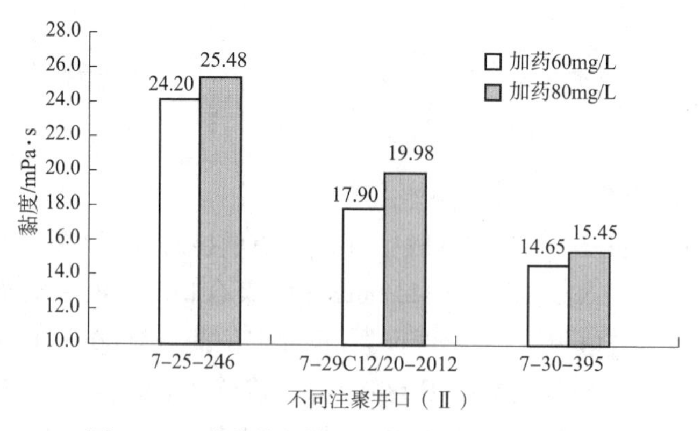

图 5－16　定位捕集技术不同井口(Ⅱ)增黏效果

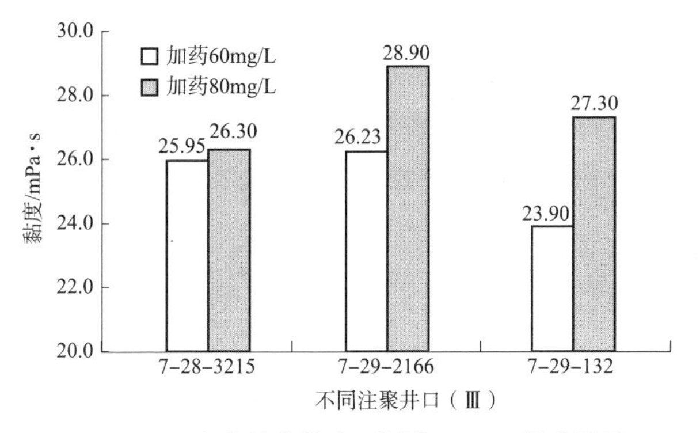

图5－17　定位捕集技术不同井口(Ⅲ)增黏效果

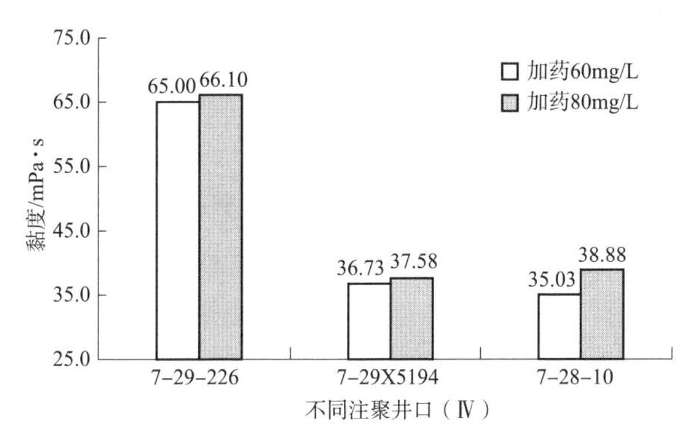

图5－18　定位捕集技术不同井口(Ⅳ)增黏效果

3)定位捕集技术曝气工艺耦合应用效果

曝氧系统启动运行，同时投加捕集剂。试验共分三个时段完成包括“空白调研”+“50mg/L 捕集剂”。试验期间每天监控各检测点亚铁离子、硫化物、溶解氧含量等指标，并对选取的 12 口井进行黏度、浓度的跟踪取样及化验。

(1)关键离子处理效果评价。

本阶段试验中，曝氧设备启动运行，同时投加 50mg/L 的捕集剂，试验期间化验的主要指标情况如下：东三联来水和外输水的 pH 值在 7.30～7.50 之间；含油量和悬浮物含量均低于 30mg/L；悬浮物粒径中值平均值为：外输水 1.26μm，低于来水；矿化度均为 10000mg/L 左右；此阶段，来水硫酸盐还原菌和腐生菌含量为 60 个/mL，外输水控制较好；外输水的腐蚀速率也略高于来水(表5－10)。

从关键离子控制来看，前期调研阶段，东三站来水的亚铁离子平均为 2.09mg/L，加药期间，来水的亚铁离子平均值为 2.29mg/L。投加捕集剂 50mg/L 时，东三联站内及沿程基本可使配注水质亚铁离子稳定在 0.30mg/L 之下(图5－19)；本阶段试验过程中，曝氧设备启动运行，硫化物的含量得到有效控制，站内及沿程均可控制至0.10mg/L以下(图5-20)。

表5-10 第二阶段试验期间常规水质含量特征

检测项目	来水	外输
含油量/(mg/L)	296.8	29.6
悬浮物含量/(mg/L)	113.5	26.3
悬浮物粒径/μm	2.363	1.261
pH值	7.4	7.42
矿化度/(mg/L)	10148.2	10152.3
总硬度/(mg/L)	926.4	896
硫酸盐还原菌(SRB)含量/(个/mL)	60	0
腐生菌(TGB)含量/(个/mL)	60	0
铁细菌(IB)含量/(个/mL)	250	0
腐蚀速率/(mm/a)	0.0497	0.0559

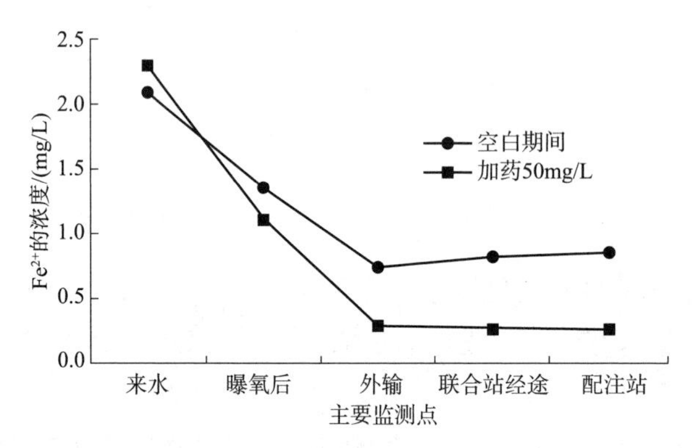

图5-19 耦合技术处理Fe^{2+}效果

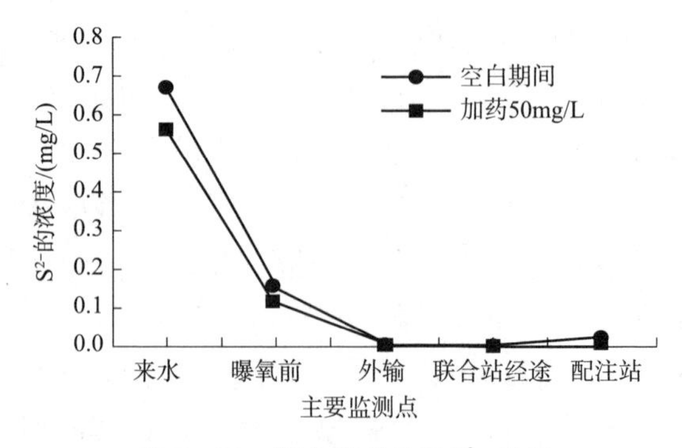

图5-20 耦合技术处理S^{2-}效果

(2)加药前后现场配注液黏度变化特征。

从跟踪情况来看，耦合技术对配注液黏度有明显增黏效果。在曝氧设备启动运行时，未投加捕集剂时，12 口井的平均黏度为 43.3mPa·s(聚合物浓度为 2573mg/L)。在此基础上，继续投加定位捕集剂 50mg/L 时，平均黏度可提高至 48.1mPa·s(聚合物浓度为 2565mg/L)，黏度增幅在 11%以上(图 5－21)。试验期间，共跟踪 12 口井的黏度变化情况。从跟踪结果(图 5－22～图 5－24)来看，加药期间有 10 口井增黏明显，加药前后浓度变化不大的井口如 7－31C354，其黏度增加率为 19.12%。对于井口 7－25－246 其黏度前后变化不明显，但根据检测结果，加药前浓度高于加药后 226mg/L，其黏度变化不明显可能与浓度有关。

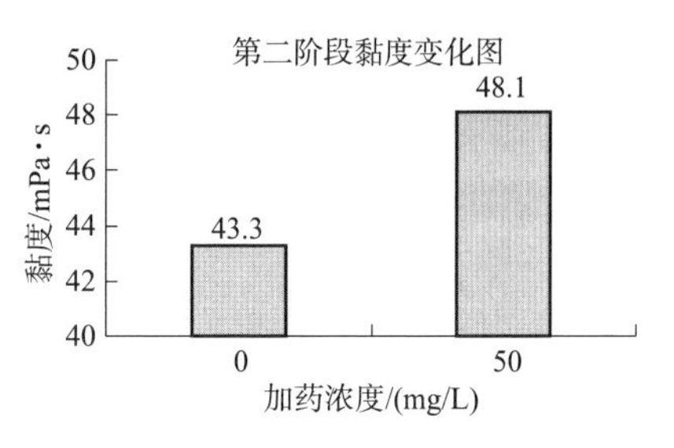

图 5－21　耦合技术平均增黏效果

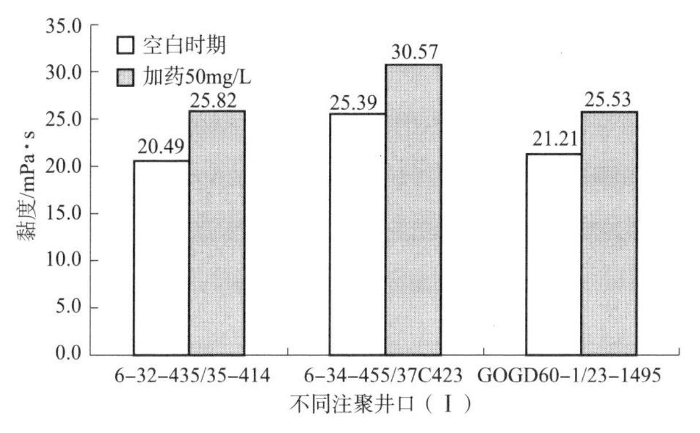

图 5－22　耦合技术对不同井口(Ⅰ)增黏效果

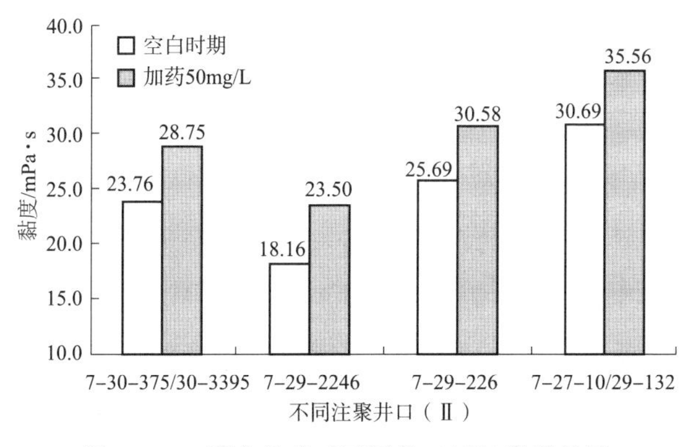

图 5－23　耦合技术对不同井口(Ⅱ)增黏效果

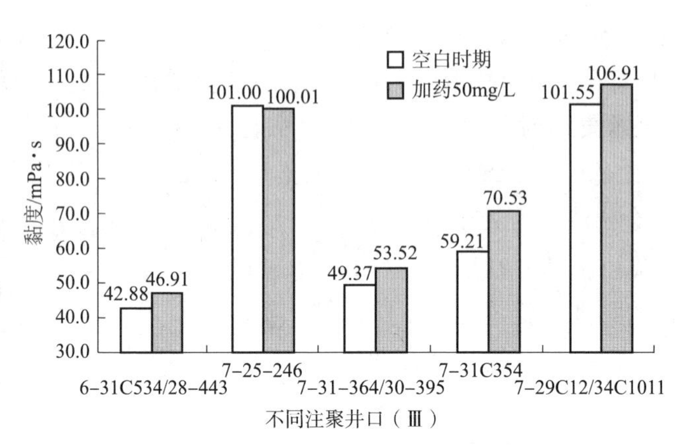

图 5-24　耦合技术对不同井口(Ⅲ)增黏效果

(五)结论

针对油田污水在应用于配注过程中易造成配注液黏度大幅度下降的离子(亚铁离子和硫离子)开展技术研究，开发了定位捕集技术，采用“定位捕集技术”及“定位捕集技术与曝气工艺耦合技术”进行处理，有效控制了配注站污水中亚铁离子和硫离子的浓度，大幅提高了井口配注液的黏度，得到的主要结论如下。

(1)开发了定位捕集剂，定位作用于污水中的亚铁离子，不受污水水质影响，可在60min之内将亚铁离子处理完全，且具备很好的普适性。

(2)推广应用试验验证了在硫离子含量较低的条件下，应用定位捕集技术可将配注液黏度提升近40%，大大起到了稳定配注液黏度、节省聚合物干粉的效果。

(3)采用“定位捕集与曝气工艺耦合技术”对污水进行处理，相对于仅启动曝氧工艺处理硫离子和亚铁离子，黏度又提高了11%，进一步证实了关键处理技术对配注污水的处理效果。

三、生物抑制SRB菌技术

孤东采油厂开展三次采油以来，为保证聚合物溶液黏度的稳定性，采取了一系列的措施，包括改善配注水源头水质的气浮除油、曝气除硫、脱氧剂除氧、连续投加杀菌剂杀菌及聚合物投加甲醛进一步杀菌等措施。这些措施实施后聚合物溶液黏度稳定性得到了保障。

由于甲醛具有强烈的刺激性，人体长期接触可能致癌，同时甲醛溶液有自聚作用，在投加的过程中极易造成甲醛罐、液位计、管线堵塞，严重影响其正常使

用，采油厂急需替代甲醛的新工艺，保障一线员工健康的同时保障聚合物溶液黏度的稳定性。

(一)配聚流程

(1)开展了孤东注聚情况调研，流程如图5-25所示。

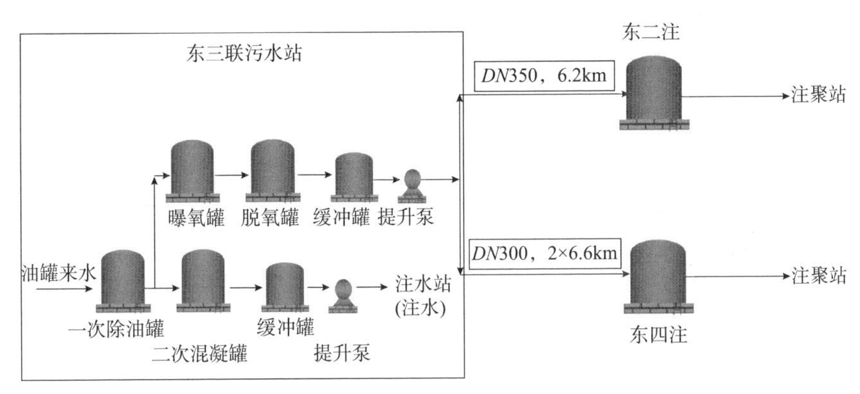

图5-25　孤东配聚线路图

污水由东三联输送到东二注和东四注，根据配注水量需求输送到相应配聚站与母液混合后注入。

(2)配聚污水水性全分析。

对配聚站污水开展了水性全分析，分析结果如表5-11所示。

表5-11　配聚水水性　　mg/L

离子类型	Ca^{2+}	Mg^{2+}	HCO_3^-	Cl^-	SO_4^{2-}	$K^+ + Na^+$	矿化度
含量	278	69	605	5714	10	3481	10157

对12#和13#注聚站流程各节点硫化物及亚铁进行了检测，分析结果如图5-26所示。

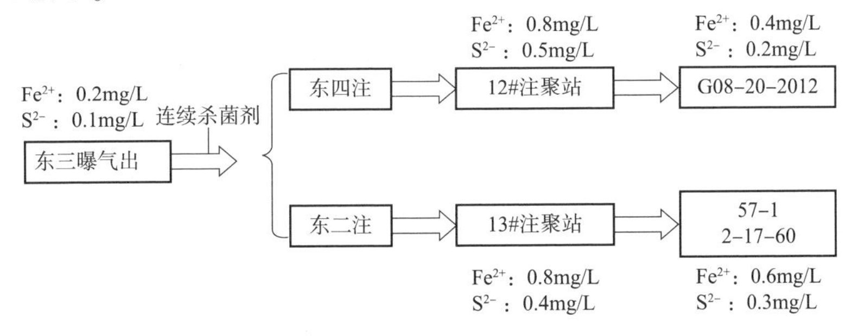

图5-26　孤东配聚线路图各节点检测

从各节点硫化物及亚铁分析结果(图5－26)看，孤东配聚水采用曝气除铁除硫杀菌及后端投加甲醛后，污水中硫化物及亚铁无显著升高。

(二)配聚污水黏度稳定性影响分析

目前孤东配聚污水后端稳黏方式采用的是投加甲醛杀菌。室内对甲醛杀菌开展了稳黏实验：对现场投加甲醛的母液及未投加甲醛的母液用现场污水稀释至2000mg/L，隔氧密封放置在50℃下保存不同时间，在68℃时，6r/min条件下测试聚合物溶液黏度变化，跟踪监测黏度稳定性及SRB变化，结果如图5－27、表5－12所示。

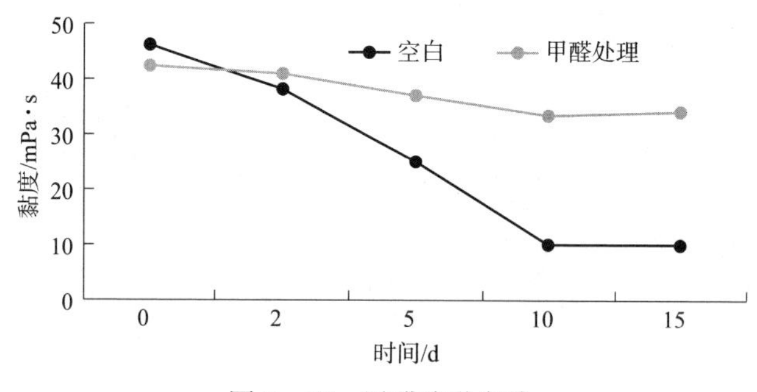

图5－27　甲醛稳黏实验

表5－12　甲醛抑菌实验　　个/mL

	SRB 0d	SRB 10d
空白	600	2500
甲醛处理	600	0

通过室内实验看出，投加甲醛对稀释后的母液起到了明显的杀菌及稳黏作用，投加甲醛的聚合物溶液10d后黏度由42mPa·s下降至35mPa·s，SRB数量由600个/mL下降至0；未投加甲醛聚合物溶液10d后黏度由46mPa·s下降至10mPa·s，SRB数量由600个/mL升高至2500个/mL，SRB升高显著影响聚合物溶液的黏度。

以上检测结果说明，污水系统中SRB显著影响聚合物溶液的黏度，确保聚合物溶液黏度稳定的关键就是控制SRB的数量及其代谢活性。

(三)生物抑制SRB研究

生物防治SRB及硫化物的原理为通过功能菌对SRB进行营养底物的竞争及有害产物硫化物的氧化，不仅能去除污水中原有的硫化物，而且能有效降低SRB

的活性，抑制 SRB 使其不再产生新的硫化物，改变以往的单纯追求以杀灭 SRB 数量为目的的传统思维模式，转而以抑制 SRB 活性及控制 SRB 代谢产物 H_2S 为目的，是油田系统控制 SRB 危害观念的变革和方法的创新。该项技术安全、环保，成本低、投加工艺简单，不仅能去除污水中原有的 H_2S，而且能有效降低 SRB 的活性，抑制 SRB 使其不再产生新的 H_2S，克服了物理及化学方法不能彻底有效控制 SRB 的弊端。该技术能有效解决 H_2S 引起的聚合物溶液黏度损失、腐蚀升高及沿程水质恶化等问题，有利于保障油田注水开发效果。生物抑制 SRB 技术原理如图 5－28 所示。

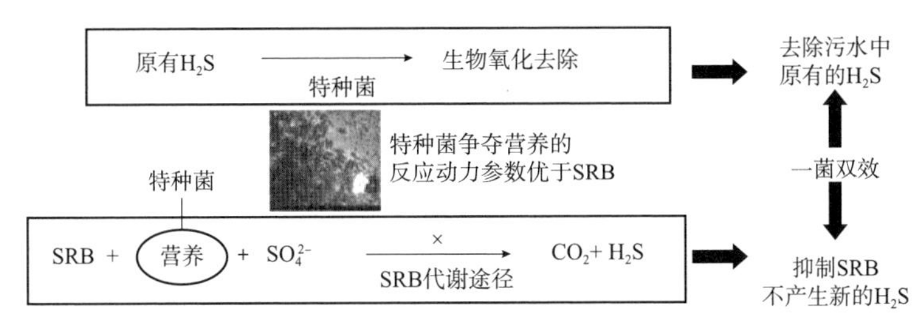

图 5－28　生物抑制 SRB 技术原理

1. 生物抑硫实验

向孤东污水加入脱硫菌及生物调控剂，跟踪检测硫化物变化情况，结果如图 5－29 所示。

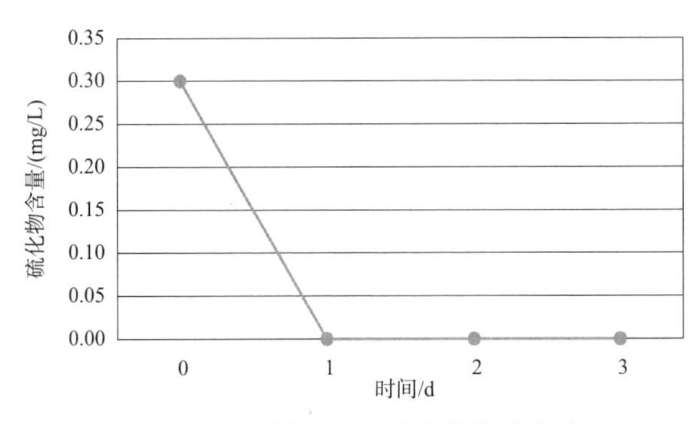

图 5－29　孤东配聚污水生物抑菌实验

通过生化抑菌实验可以看出，加入脱硫菌及生物调控剂后污水中硫化物含量降低，既能去除污水中存在的硫化物，还能抑制 SRB 不再继续产生硫化物。

2. 聚合物溶液黏度稳定性实验

实验方法：采用未投加甲醛的现场母液做空白，与生物处理的现场母液、甲醛处理的现场母液分别与配注污水按照1：1.5的比例稀释后做黏度保留实验。

实验条件：隔氧密封放置在50℃下保存不同时间，每次打开一组样品，在68℃，6r/min条件下测试聚合物溶液黏度变化，结果如图5－30所示。同时跟踪10d时的SRB菌变化如表5－13所示。

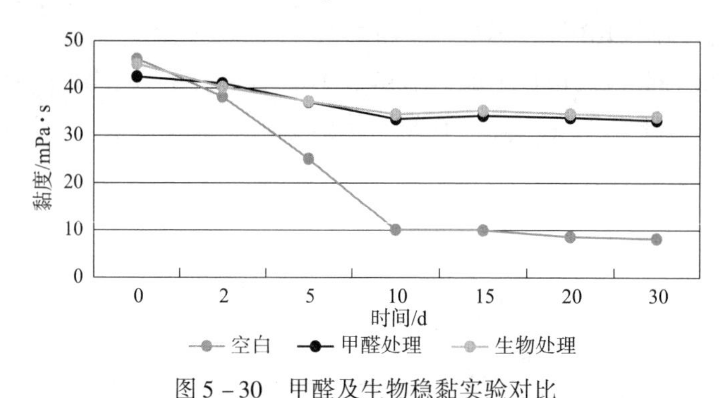

图5－30　甲醛及生物稳黏实验对比

表5－13　甲醛及生物抑菌实验中SRB变化情况　个/mL

	SRB 0d	SRB 10d
空白	600	2500
甲醛处理	600	0
生物处理	600	0

实验结果表明，采取生物处理和甲醛处理的聚合物溶液黏度稳定性较好，黏度保留率约为80%，未做处理的聚合物溶液黏度稳定性差，黏度保留率仅为22%。生物处理、甲醛处理的溶液中SRB没有检测到，说明特种菌能够有效抑制污水中的SRB，保障聚合物溶液黏度稳定性。

3. 与现场投加药剂配伍性

1)与缓蚀剂适应性评价

通过对比投加生物调控剂前后缓蚀剂效果(图5－31)可以看出，生化抑硫不会对缓蚀剂使用造成影响。

2)与杀菌剂适应性评价

通过对比投加生物调控剂前后杀菌剂效果(图5－32)可以看出，生化抑硫也不会对杀菌剂使用造成任何影响。

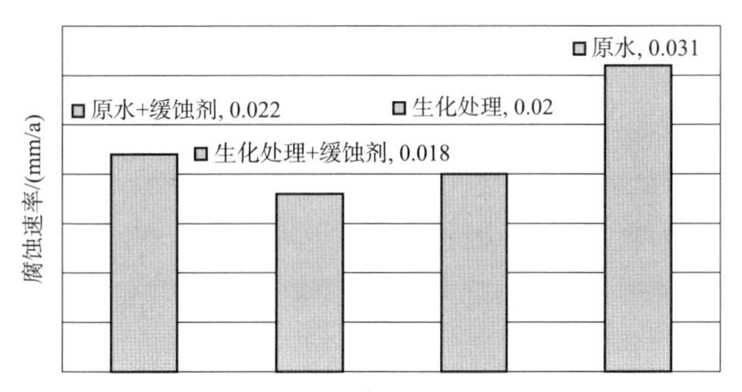

图 5－31　投加生物调控剂缓蚀效果

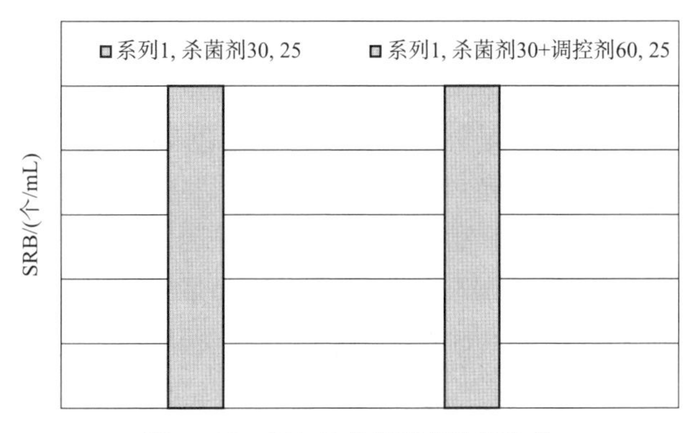

图 5－32　投加生物调控剂杀菌效果

(四)生物抑菌稳黏处理现场试验方案

根据孤东采油厂的要求，首先在12#配聚站进行现场试验，对配聚污水开展生物抑菌稳黏处理。生物抑菌稳黏技术的实施，是在现有流程不改变的情况下，通过在原甲醛投加位置投加菌液及生物调控剂的方式来实现。主要分以下 3 个阶段。

1. 功能菌群构建阶段

具体步骤如图 5－33 所示。

该阶段为现场试验功能菌生态系统构建阶段，通过同步投加菌液和生物调控剂来构建功能菌群。投加位置为配聚站甲醛投加位，投加浓度为 200mg/L，时间持续为 7～10 天。

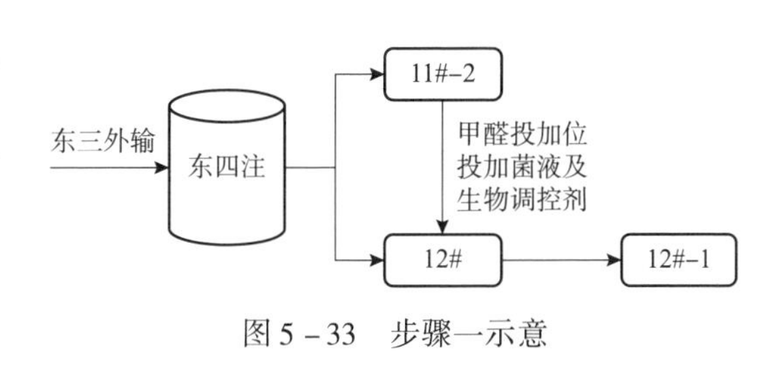

图 5－33　步骤一示意

本阶段需检测功能菌生长情况(1 次/d)，配聚站污水 SRB 含量(1 次/d)，12# 配聚站对应井硫化物含量(1 次/d)及配聚黏度(1 次/d)(表 5－14)。

表 5－14　功能菌群构建阶段检测项目及频次

检测项目	检测节点	频次	检测方
功能菌密度	井口	1 次/d	—
SRB	配聚站污水	1 次/d	—
硫化物、黏度	12#配聚站对应井	1 次/d	—

2. 优化阶段

具体步骤如图 5－34 所示。

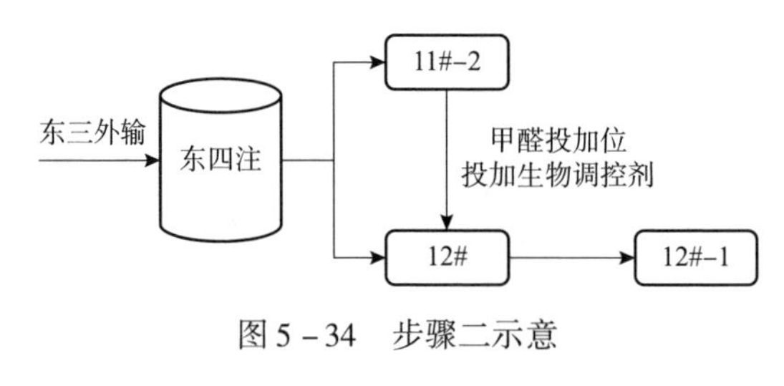

图 5－34　步骤二示意

在确保第一阶段功能菌群构建完毕后，按照功能菌群构建阶段投加方式连续投加生物调控剂，根据现场试验情况优化加药量。该阶段约为 20 天。

本阶段需检测功能菌生长情况(1 次/7d)，配聚站污水 SRB 含量(1 次/7d)，12#配聚站对应井配聚黏度(1 次/d)(表 5－15)。

表 5－15　药剂优化阶段检测项目及频次

检测项目	检测节点	频次	检测方
功能菌密度	井口	1 次/7d	工程院
SRB	配聚站污水	1 次/7d	工程院
黏度	12#配聚站对应井	1 次/d	工程院/孤东厂

3. 正常运行阶段

具体步骤如图 5－35 所示。

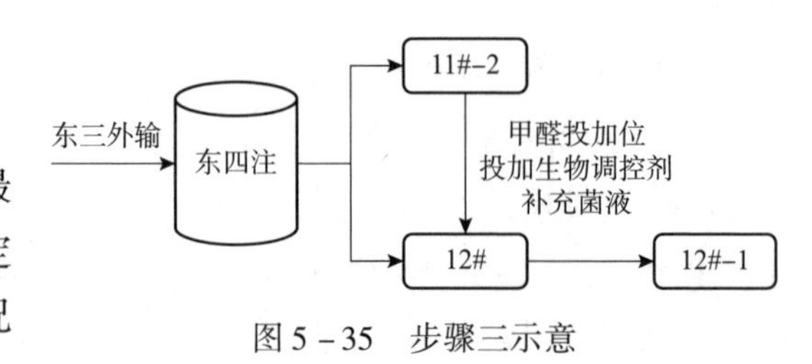

图 5－35　步骤三示意

在药剂优化完毕后，按照最佳药剂投加量进行连续投加，定期补充功能菌液，指标监测情况如下。

本阶段需检测功能菌生长情况(1 次/15d)，配聚站污水 SRB 含量(1 次/15d)，12#配聚站对应井配聚黏度(1 次/d)(表 5－16)。

表 5－16　维持阶段检测项目及频次

检测项目	检测节点	频次	检测方
功能菌密度	井口	1 次/15d	工程院
SRB	配聚站污水	1 次/15d	工程院
黏度	12#配聚站对应井	1 次/d	工程院/孤东厂

(五)现场实施效果

1. 实施前后黏度对比

如图 5－36 所示，经过生物处理后，污水配聚黏度为 27mPa·s，略高于之前甲醛处理后的污水配聚黏度，完全可以达到甲醛的处理效果。

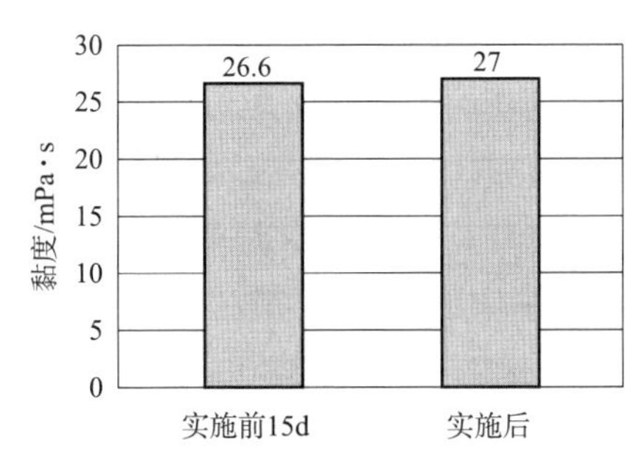

图 5－36　实施前后黏度对比

2. 黏度保留率对比

现场试验期间跟踪污水配聚黏度保留率情况，并与未处理的空白进行对比，结果如图 5－37 所示，生物处理后的污水配聚黏度保留率显著高于未处理的污水。

3. 污水中功能菌密度变化

如图 5－38 所示，污水中的功能菌生长状况良好，10d 时密度即达到 600 个/mL，表明现场已经建立了较为稳定的功能菌生态系统，能够保障生物抑硫稳黏稳定运行。

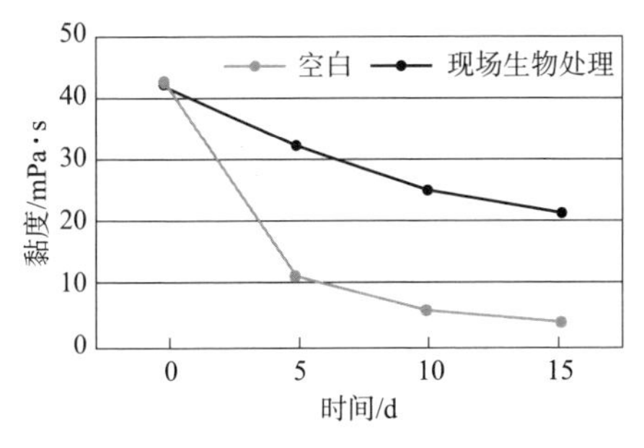

图 5－37　现场试验黏度保留率对比(8 月 19 日)

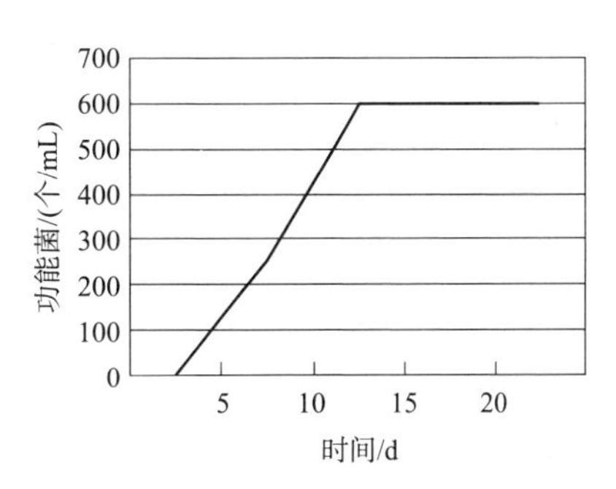

图 5－38　现场试验污水中功能菌密度变化

第六章　人工湿地处理技术

随着三次采油规模的不断扩大，每天使用大量清水配注聚合物溶液造成相应的地层污水不能回注；地层的多孔特性，使得采出水不能在较短时间内全部原地回注；油田有许多小断块、稠油油藏，无须费时费力地注水开发，这部分油藏只采不注；油田修井作业，如大型防砂、酸化压裂、压井维护等施工均需要向地层注入诸如携砂液、酸化压裂液、压井液等外来流体，这些液体被采出地面后也形成了富余废液。从而导致回注与开采的不平衡，油田富余污水矛盾突出，造成巨大环保压力，注采调整难以实施，也加大了产量压力。目前，采油污水主要处理方式包括回注油层、限液关井以及达标外排。虽然通过上述方式可基本实现污水的注采平衡，但仍存在以下问题：①污水回注油层属于无效回注，因地层回注空间有限，随着注水量的不断增大，污水回注压力逐年升高，强注油层会伤害油田储层结构，而且回注费用高，提高了采油成本，影响油田的可持续发展；②限液关井，制约提液上产，虽可减少采油污水的产生，同时，也导致了油田产量下降，影响油田效益；③对于外排，采油污水含油量大、矿化度高、有机物成分复杂、可生化性差，外排达标困难，同时处理产生的污泥含有大量的油和盐等污染物，如果处置不当，会给环境带来严重的二次污染，随着环境质量要求的提升，污水排放标准逐年提高，排放总量逐年降低，采油污水的处理难度和成本也将逐年加大。现有的处理方式或是成本高，或是处理难度大，存在对环境的潜在威胁，使得采油污水产生与处理矛盾依然突出，难以得到合理处置。针对以上采油污水处理方面的难题以及造成水资源浪费的特点，结合孤东当地的地理环境及独有的土地资源优势，探索了构建咸水人工湿地实现采油污水生态处理及资源化利用的技术。

一、人工湿地技术原理

湿地，被称为“地球之肾”，是大自然的净化器，具有沉淀、排除、吸收、降解有害物质的特殊功效，是自然界最富生物多样性的生态景观和人类最重要的生存环境之一，人工湿地是自然湿地生态功能的加强版。人工湿地具有低投资、出水水质好、抗冲击力强、操作简单、维护方便、氨氮去除率高、生态景观好等

特点，同时使水质净化与环境生态建设相结合，目前这项技术发展得到了社会普遍关注，越来越多地应用于水体治理。利用人工湿地处理废水在国内外早有实践，并取得了良好的处理效果，1967 年荷兰开发出一种现称 Lelystad Process 的大规模处理系统，为星形表面流湿地，这是最早出现的人工湿地处理系统。我国首例采用人工湿地处理污水的研究始于 1988—1990 年在北京昌平进行的表面流人工湿地，处理量为 500m^3/d 生活污水和工业废水，水力负荷为 4.7cm/d，COD 去除效率为 81.2%，BOD 去除效率为 85.8%。“十一五”期间山东省完成 30 万亩南四湖人工湿地建设，对南水北调东线工程上游入湖水质进行净化，经过规模化长期运行，新薛河人工湿地示范区水质净化效果良好，COD、氨氮、总氮、总磷去除率平均分别为 40%、55%、50%、34%，基本达到地表水Ⅲ类标准，取得了较高的生态效益和经济效益。

中科院沈阳应用生态研究所的孙铁珩院士等通过实验研究，利用自由表面流芦苇湿地处理超稠油废水。通过运行观察，当芦苇床的水力负荷为 3.33cm/d 时，对于年平均进水中 COD 浓度为 459.16mg/L、石油类浓度为 27.65mg/L、BOD5 浓度为 33.52mg/L、TN 浓度为 13.74mg/L 的超稠油废水，污染物去除效率分别达到 83%、94%、88%、88%，处理后的超稠油废水对土壤以及芦苇的生长并无不良影响，处理后的水质能达到外排的标准。上述人工湿地在水体治理方面具有较高的效率，但是其处理水体主要是生活污水或河流水体，对高盐废水的处理研究较为贫乏。籍东国、孙铁珩等虽将人工湿地系统用于采油污水的处理，但经湿地处理后的废水排入外环境，没有彻底解决采油污水对环境的影响问题。探索利用人工湿地处理采油污水并实现其资源化利用是实现采油污水向自然水体零排放的必然趋势。

利用人工湿地处理采油污水需对采油污水进行预处理，以减轻湿地污染负荷，达到湿地进水标准。为实现采油污水的资源化利用，还应消解其资源化利用过程中的影响因素。采油污水预处理后添加复合微生物菌剂生化强化，进入人工湿地进行生态处理，在湿地中利用基质—微生物—植物这个复合生态系统的物理、化学和生物的三重协调作用，通过微生物分解、植物吸收、过滤、吸附、共沉、离子交换等作用实现对污水的高效净化。同时通过营养物质和水分的生物地球化学循环，有机污染物降解成低毒、无毒的植物养料和 CO_2，最终被植物吸收；生长的植物作为饵料等用于水产养殖，构建新的生态循环链条；水中的盐通过植物吸收富集移除和潮滩生卤及自然降水的生态过程转移，达到盐分的平衡，确保植物正常生长；净化了的水替代清水配置聚合物，用于三次采油，或进入本项目的生态建设区，作为养殖或生态补水不再外排，以养殖收获构建循环经济链条，创造经济效益；预处理的浮渣，经化学方法处理资源化为油田调剖剂。本项目的实施实现了采油污水的无害化和资源化。

二、人工湿地技术矿场实践

孤东人工湿地处理工程简介孤东人工湿地处理工程设计处理规模为 2×10^4 m^3/d，位于孤东圈内中北地区，总占地面积约 11.8km^2，工程首先进行试验阶段建设。采用“安全微生物生化强化技术、自由表面流人工湿地和生态建设区”深度处理组合工艺将孤东污水处理厂出水净化处理后，资源化为生态建设区的盐碱滩涂生态补水，实现废水综合利用，不外排。项目由自由表面流人工湿地、生态建设区、引水线路等主体工程以及相应的配套设施组成，分阶段建设。试验阶段处理规模为 3000m^3/d，位于氧化塘西侧与东北侧东西向大坝(原海堤)以北、防盗沟以东，分为北部与西部两个区块，总占地约 1.77km^2。其中，自由表面流人工湿地占地约 0.3km^2，生态建设区占地面积约为 1.47km^2(表 6－1)。

表 6－1　试验阶段分区(面积)情况一览表　　km^2

分区	北部区块	西部区块	小计
表面人工湿地	0.15	0.15	0.30
生态建设区	0.72	0.75	1.47
合计	0.87	0.90	1.77

北部与西部的自由表面流人工湿地属于并行的两个处理区块。每个处理区块又由两个串联的处理单元组成。每个处理单元长宽比为 4：1，面积为 7500m^2；正常补水条件下，平均水深为 0.3m，水力坡度为 0.3%；内部设置隔墙，保证水流均匀流动，避免水流死区，如图 6－1 所示。

表面流湿地出水通入生长有盐生植物的盐碱滩涂地块，间歇性短期积水，采用灌溉方式布水，水力负荷为 50～1500mm/a，最高水位不得高于 0.8m，积水时间为 7～30d，布水周期为 10～180d，通过植物蒸腾、自然蒸发达到不外排的目的。因湿地运行过程中夏季与冬季自然降水量与水分蒸发量的不平衡，因此湿地在实际运行过程中采取冬储夏灌的方式。因湿地处于孤东油田矿区内，需沿管线修建道路或堤坝，道路或堤坝两侧挖建防渗沟。道路或堤坝的宽度保证日常工作人员对于管线的巡视及维修时车辆的通行。道路两边预留高约 40cm 的土坡，使雨水暂时积存于道路上，通过雨水的下渗，减少土壤盐分，降低土壤矿化度，改良土壤。

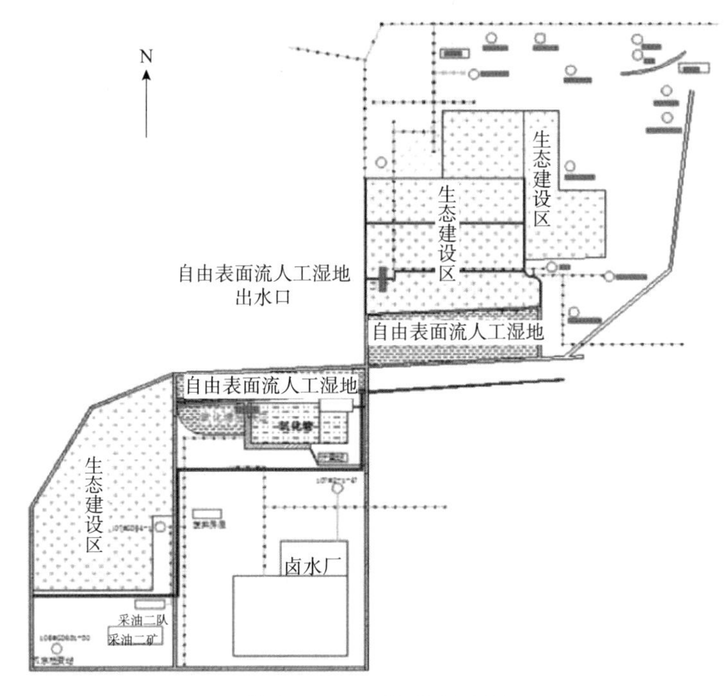

图 6－1 人工湿地设计图

在室内研究的基础上，结合现场实际情况，设定工程应用流程如图 6－2 所示。

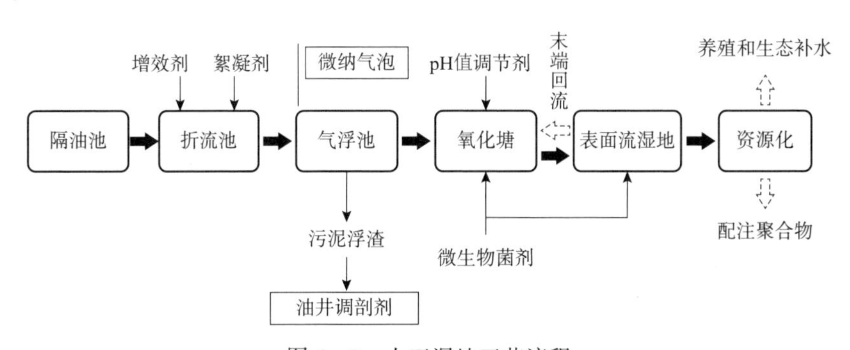

图 6－2 人工湿地工艺流程

采油污水经隔油，絮凝—加碱—微纳气泡联合技术预处理后，水质主要指标达到 COD≤100mg/L，氨氮≤15mg/L，调节 pH 值至 7～8 后，排入氧化塘、表面流湿地，生态建设区组成的人工湿地区域，人工湿地区域通过投加外源微生物和改变环境因素刺激土著微生物的复合方式，构建了由多种具备石油污染物降解能力的细菌和真菌组成的生物被膜系统，实现了对于石油中有毒化学物质的高效降解和转化，出水水质达到 COD≤50mg/L、氨氮≤5mg/L、SS≤10mg/L，净化后的水或是部分甚至完全代替清水配制三采聚合物，或是资源化为生态建设区孤东盐碱滩涂的生态补水，有效改善区域内植物干旱缺水、土壤盐碱化的状况，不外排。氧化塘出水或/和表面流湿地出水回流，可以通过调整回流比，回流比(回流水：氧化塘进水)为(1：5)~(1：2)，进而调节氧化塘进水温度，改善进水水质，增加降解微生物数量，提高进水氧气浓度，同时回流水中携带或人为添加的植物腐殖质(如芦苇、碱蓬、柽柳枝等)，可作为微生物利用的碳源，提高进水BOD5/CODCr 比值，优化生物处理的营养条件。预处理产生的污泥浮渣不含重金属，完全可用于油井调剖，未能用于调剖的部分拉至电厂焚烧处理。